不同视角看追溯

——食品安全追溯法规/标准收集及分析报告

Food Traceability from Different Perspectives

——Analysis Report on Traceability Regulations/Standards

U0219578

全球食品安全倡议中国工作组　编著

中国农业大学出版社

·北京·

内 容 简 介

书中明确了食品追溯的定义、目的和在食品安全保障体系中的地位;阐述了食品企业/行业和政府监管部门在食品追溯方面各自的职责;介绍了欧盟、美国、加拿大、澳大利亚、新西兰、日本和中国的食品追溯法规和实践;同时,结合中国的情况,在比较和分析的基础上,提出了相应的观点和建议。

图书在版编目(CIP)数据

不同视角看追溯:食品安全追溯法规/标准收集及分析报告/全球食品安全倡议中国工作组编著 .—北京:中国农业大学出版社,2018.10

ISBN 978-7-5655-2083-9

Ⅰ.①不… Ⅱ.①全… Ⅲ.①食品安全-安全管理-研究-中国

Ⅳ.①TS201.6

中国版本图书馆 CIP 数据核字(2018)第 177699 号

书　名	不同视角看追溯——食品安全追溯法规/标准收集及分析报告		
作　者	全球食品安全倡议中国工作组　编著		

策划编辑	梁爱荣　宋俊果	责任编辑	梁爱荣
封面设计	郑　川		
出版发行	中国农业大学出版社		
社　址	北京市海淀区圆明园西路 2 号	邮政编码	100193
电　话	发行部 010-62818525,8625	读者服务部	010-62732336
	编辑部 010-62732617,2618	出 版 部	010-62733440
网　址	http://www.caupress.cn	E-mail	cbsszs @ cau.edu.cn
经　销	新华书店		
印　刷	涿州市星河印刷有限公司		
版　次	2018 年 10 月第 1 版　2018 年 10 月第 1 次印刷		
规　格	787×1 092　16 开本　8.5 印张　110 千字		
定　价	36.00 元		

图书如有质量问题本社发行部负责调换

编　委　会

全球食品安全倡议中国工作组下设统稿组和 5 个工作组，各组成员如下（以姓氏拼音排序，组长除外）。

统稿组　黄　伟（组长）　李　宇（副组长）　陈　红
　　　　　高　岩　海栗素　刘鲁林　刘小力

中国组　黄　伟（组长）　崔　芳　国　荣　李彤阳
　　　　　王震华　杨君茹　翟　润　赵宏超

美加组　刘小力（组长）　曹　阳　冯　旺　高岩
　　　　　李　扬　林　芳　刘沛然　王　博　王　霜
　　　　　张峻炎　朱丽萍

欧盟组　刘鲁林（组长）　陈竹方　范　佳　王琼芳
　　　　　王　霜　伍　霄　吴新敏　张　鹤　张　燕

澳新组　陈　红（组长）　崔　芳

日本组　海栗素（组长）　闵成军　篠原雅义　赵丽云
　　　　　赵玉忠

序

　　食品追溯是食品企业履行食品安全保障职责，承担企业社会责任的一个重要环节，也有利于在需要召回问题产品时，确定目标批次，减少不必要的损失。中国《食品安全法（2015）》对食品追溯的要求也有专门条款。近年来，相关政府部门和行业组织对食品追溯给予高度重视，出台了不少部门规章和着手建立信息平台；不少消费者也常把"追溯"这个名词挂在嘴边，认为是提高食品安全水平的重要措施。可以说，当前在中国已经掀起了一波关注食品追溯的高潮。然而，对于食品追溯的正确理解，包括食品追溯的目的和功能，在食品安全的相关利益方之间却存在着很不同的看法。作为食品生产企业、零售店，到底应该追溯到食品链的哪一环节？政府是否应该建立食品追溯信息平台？食品追溯所用的手段和技术，是否应该有统一的规定？由于社会各界对这些问题众说纷纭，莫衷一是，严重影响了食品追溯的贯彻实施。

　　鉴于此，全球食品安全倡议中国工作组的专业人士在查阅大量国内外相关资料和信息的基础上，多次召开会议，并广泛征求意见，编写出《不同视角看追溯——食品安全追溯法规/标准收集及分析报告》一书。书中明确了食品追溯的定义、目的和在食品安全保障体系中的地位；阐述了食品企业、行业和政府监管部门在食品追溯方面各自的职责；介绍了世界各国的食品追溯法规和实践;同时,结合中国的情况,在比较和分析的基础上,提出了作者们的观点和建议。我赞赏作者们认真和严谨的态度以及敬业精神,并愿意将这本出版物推荐给所有与食品安全相关的团体和个人以及对食品追溯有兴趣的人士。

最后,我愿意与广大读者分享我对食品追溯的主要观点,供参考和进一步讨论:①食品追溯的主要目的是在发现产品有问题需要召回时,便于明确需要召回的产品批次;所有食品企业都应该实施追溯,但与确保食品安全无关。②食品追溯主要是食品企业的职责和行为,政府要做的是颁布相应的要求和监管企业实施。③根据当前的国情,食品追溯的信息可以为消费者提供比食品标签上更多的产品信息,有利于建立信任。

中国工程院院士

2018.6.25

前　言

　　全球食品安全倡议（Global Food Safety Initiative，GFSI）中国工作组于 2013 年筹备成立，并开展了大量工作，2016 年 4 月正式成立。经内部研讨，确定了"食品安全追溯法规/标准研究"课题，2016 年 7 月成立项目组，收集和分析了 2017 年 6 月 30 日以前公开发布的相关法规、标准以及部分的研究报告，2017 年 9 月完成项目报告初稿，2018 年 2 月在 GFSI 内部发布了《食品安全法规/标准收集及分析报告》（以下简称《报告》）。

　　《报告》在 GFSI 内部发布后，得到了 GFSI 成员企业认同，达到了研究成果在成员企业间分享、建立共识的目的。食品安全追溯需要"社会共治"，为了与更广泛的食品生产经营企业、监管部门及其他的利益相关方分享《报告》，GFSI 中国工作组决定将《报告》公开出版，倡导所有食品生产经营企业，不论规模大小，首先建立"一步向前、一步向后"的食品安全追溯体系，以满足相关法规和标准的要求。

　　《报告》原文由报告摘要、前言、正文、致谢、参考文献几个部分组成，按照出版社公开出版的要求对原《报告》结构进行了调整。《报告》原文的"报告摘要"是整个报告的主要观点和内容的概括，现作为本书的附件进行保留，读者阅读"报告摘要"可以大致了解本书的主要内容和观点；《报告》原文的"前言"修改为本书的"绪论"，重新编写了本书的"前言"，并请陈君石院士为本书作序。

食品生产经营企业,对追溯体系应覆盖的范围、其必备的功能存在疑惑。比如:①食品餐饮业对鸡肉的追溯是追溯到其供应商还是追溯到养鸡场?除了追溯鸡肉还需要追溯饲料吗?②食品生产型企业向上追溯是只需要追溯到其供应商,还是需要追溯到供应商的供应商?③面临不同省、直辖市监管部门正在建立的食品安全追溯信息平台,作为全国销售的食品生产经营企业,如何才能满足来自监管部门不同的信息平台的要求,而且因此增加的成本不至于高得无法承担?

GFSI中国工作组认为,在"社会共治"视角下的食品安全追溯不应局限在追溯信息技术领域进行研究,而应首先明确食品安全追溯的目的、厘清主要相关方职责(主要是食品生产经营企业、监管部门、行业组织三方的职责),这样才能形成统一的对话平台。本书从国际标准化组织(ISO)、国际食品法典委员会(CAC)的食品追溯定义出发,研究了欧盟、美国、加拿大、澳大利亚、新西兰、日本和中国的食品安全追溯发展历程,现有法律、法规、标准的现状,以及这些国家的监管现状,近几年来政策方面的变化等,从而对食品安全追溯体系目的、主要相关方(食品生产经营企业、监管部门、行业组织)职责、建立全食品链追溯信息系统的必要性和可行性3个方面进行了详细论述,并得出了结论和提出了建议。希望本书能解答读者关于"如何建立企业有效的食品安全追溯体系"的疑问,希望读者理解"一步向前、一步向后"原则在食品安全追溯体系建设中的重要意义。

此书的出版得到沃尔玛食品安全协作中心和中国农业大学出版社以及社会各方的大力支持,在此表示衷心感谢!由于能力和水平有限,难免会有错误和不当之处,敬请批评指正。您的批评、意见和建议,都将是我们在"食品安全追溯"领域不断探索的动力。

编写组

2018 年 6 月

目　录

绪　　论

近几年来,随着对食品安全问题的关注,溯源性、可追溯性、追溯能力等概念被高频率地提及,成为各类会议热门话题。溯源性、可追溯性、追溯能力等概念不是新概念,其定义大体一致。结合我国的实际情况,应该如何定义"食品安全追溯"目的和范围?监管部门、企业及行业应该履行哪些职责以保障食品安全追溯的有效性、时效性、经济性?

随着新《中华人民共和国食品安全法》(以下简称《食品安全法》)2015 年 10 月 1 日的正式实施,全国各地的食药监部门陆续针对"追溯"展开监督执法。近几年来,国务院法制办、发改委、农业部、商务部、食药总局、质检总局、粮食局等部委及地方政府陆续发布与"追溯"相关的法规、规章;与追溯相关的国家标准、行业标准、地方标准近几年陆续发布了 71 个。企业合规经营是基本的要求,绝大多数的企业都在努力做到合规,当面临名目繁多的部门规章和各类的标准,面临各地、各层级执法部门执法尺度不一的情况,企业如何建立其可追溯体系才能满足各方合规的要求?企业如何面对各地、各级监管部门搭建的不同的追溯平台的监管要求?从顶层设计的角度看,如何从全食品链角度切实地明确各环节的责任和追溯的内容,让每个环节的食品生产经营者觉得符合实际、可操作、成本可控?

　　为了不造成概念的混淆,先说明几组概念:①由于对 traceability 一词的翻译不同,有的翻译为"追溯性",有的翻译为"可追溯性",文中"追溯性"与"可追溯性"概念相同、"追溯体系"与"可追溯体系"概念相同。②"追溯制度""追溯体系"与"追溯系统"有差异。通俗地说将法规中追溯的要求文件化即建立了"追溯制度";将"追溯制度"程序文件及程序文件要求的所有数据和作业集合就成了"追溯体系",这些数据和作业的记录可以是手工的也可以是电子的;运用现代信息手段将"追溯体系"信息化之后,称为"追溯系统"。③"追溯信息系统"与"追溯信息平台",我们认为两个概念相同,没有特别地区分。一般而言,企业内部运行的是"追溯信息系统",监管部门或行业协会建立的供行业运用的称为"追溯信息平台";我们也注意到有的大型跨国公司的"追溯信息系统"具备了"追溯信息平台"的功能。④"食品追溯"与"食品安全追溯",在本报告中概念相同。国内外法规、标准中对"追溯""食品追溯"已经有明确的定义(详见第二部分"术语及名词解释")。

　　从法规的角度看,最早制定食品追溯法规的是欧盟。1989 年,欧洲经济共同体(EEC,简称欧共体)发布理事会指令 89/396/EEC《鉴别食品批次的表示或标注》,要求须对食品做标记以确定批次,通过批号编码来识别食品,保证产品的自由运输和消费者拥有充分信息。为应对疯牛病问题,欧盟于 1997 年开始逐步建立食品安全信息可追溯制度。2000 年 7 月,《欧洲议会和理事会条例(EC) No. 1760/2000 制定牛类动物和有关牛肉、牛肉制品标签识别和登记制度并废除理事会条例(EC) No. 820/97》发布,该条例要求建立对牛类动物和牛肉、牛肉产品标记的识别和注册体系,以实现对牛类动物产品的追溯。2002 年 1 月,欧盟第 178/2002号法规即《基本食品法》发布,其第 18 条明确要求强制实行可追溯制度,凡是在欧盟国家销售的食品必须具备可追溯性,否则不允许上市。2004年 12 月,发布《(EC) No. 178/2002 欧盟食品安全基本法第 11,第 12,第 16,第 17,第 18,第 19 和第 20 款实施指南》,目的是协助在食物链中的所有参与方,更好地理解和正确地应用《食品基本法》,能以统一的方式协调建立实施可追溯。2015 年我国发布的《食品安全法》,首次将"食品安全追溯"要求写入法律,提出了"食品安全全程追溯""食品安全追溯体系"的概念。

从标准的角度看,最早提出"追溯"概念的是国际标准化组织(ISO)。ISO 在 ISO 9001—87《质量体系——设计/开发、生产、安装和服务的质量保证模式》的 4.8 条款提出了"追溯"的概念。国际食品法典委员会(CAC)2006 年发布的《CAC/GL 60—2006 食品检验和认证系统中可追溯性/产品追溯的原则》给出了食品追溯的定义,是指"追踪食物在生产、加工和配送的特定阶段流动的能力"。2007 年 ISO 发布了《ISO 22005:2007 饲料和食品链的可追溯性　体系设计与实施的通用原则和基本要求》,2009 年我国发布了 ISO 22005:2007 的等同转换标准 GB/T 22005—2009。GB/T 22005—2009 食品追溯的定义是指"追踪饲料或食品在整个生产、加工和分销的特定阶段流动的能力"。

从追溯系统建立的角度看,最早实施追溯系统的是澳大利亚的家畜追溯系统(The National Livestock Identification System,NLIS)。澳大利亚的家畜追溯系统源于 20 世纪 60 年代新南威尔士州根治牛布氏杆菌病的项目,该项目引进了一种在尾部缠绕标牌的方法。NLIS 初期不是为了食品安全追溯而建立,目的是保护动物健康、保护畜产品行业的可持续发展,从而也保障了食品安全追溯。欧洲食品追溯系统的建立起因于 1996 年英国疯牛病引发的恐慌,以及另 2 起食品安全事件——丹麦的猪肉沙门氏菌污染事件和苏格兰大肠杆菌事件,这些食品安全危机促进了食品追溯系统的建立。因此,畜产品追溯系统首先在澳大利亚、欧盟范围内建立。

近几年来,随着我国法律法规的完善、标准的建立、消费需求的升级、信息技术的进步,食品安全追溯体系建设取得了快速的发展,食品安全追溯体系的有效性得到快速提升,一旦发生食品安全事件,可以快速锁定问题产品来源和去向,从而实施有效的追回和召回,控制和降低问题食品可能造成的危害,为食品安全风险管控发挥了巨大作用。同时,法律法规条款缺乏操作性、标准缺乏通用性、消费需求的不同层次以及令人眼花缭乱的信息技术,相当多的食品生产经营企业对于建立怎样的追溯体系存在困惑。比如:①食品餐饮业对鸡肉的追溯是追溯到其供应商还是追溯到养鸡场?除了追溯鸡肉还需要追溯鸡饲料吗?②食品生产型企业向上追溯是只需要追溯到其供应商,还是需要追溯到供应商的供应商?③"建立食品安全追溯体系、保证食品安全可追溯"的主体应是食品生产经营者。当面临不同省、直辖市监管部门正在建立的食品安全追溯信息平台时,作为全国销售的食品生产经营企业如何才能满足来自监管部门不同的信息系统的要求?④微小型食品生产经营者不建追溯信息系统,其追溯体系建立在纸质记录的基础上是否可行、满足法规要求?

我国食品生产经营企业数量庞大、业态复杂多变、规模不一、管理水平也参差不齐,因此这些困惑是普遍存在的,大企业有大企业的困惑,小企业有小企业的困惑。这些困惑不消除,企业就不知道该如何设计其追溯体系,各级监管部门也不能统一监管的尺度。因此,应该不忘初心,研究食品安全追溯的目的,研究追溯体系在食品安全方面发挥了怎样的作用,然后从目的出发研究法律、法规赋予各方的职责是什么,现有的困惑源自目的不清还是职责错位?信息技术软硬件的飞速发展举世瞩目,由此搭建的食品安全追溯信息系统让人目不暇接,将所有类别的食品都放在一个信息系统里,是否必要、是否可行?《中华人民共和国食品安全法》提出的"食品安全全程追溯"的要求每一家企业都做得到吗?这显然不现实。那怎么做才能满足"全程追溯"的要求?"一步向前、一步向后"的追溯原则在欧盟、美国和加拿大(以下简称"美加")、澳大利亚和新西兰(以下简称"澳新")、日本得到广泛的认同和运用,该原则是否适合我国的国情、能否在建立"食品安全全程追溯制度"

过程中发挥应有的作用?

　　本书通过对欧盟、美国、加拿大、澳大利亚、新西兰、日本以及我国的食品安全追溯发展历程,现有法律、法规、标准的现状,以及国家层面的监管现状、近几年来政策方面的变化进行研究,尝试回答上述问题,并得出了结论、提出了建议。

第一部分 发展历程与追溯的目的

澳大利亚的家畜追溯系统源于 20 世纪 60 年代新南威尔士州根治牛布氏杆菌病的项目,该项目引进了一种在尾部缠绕标牌的方法。1999 年,NLIS 被澳大利亚政府采纳以追溯出口至欧洲的牛群。欧洲食品追溯系统的产生起因于 1996 年英国疯牛病引发的恐慌,另 2 起食品安全事件——丹麦的猪肉沙门氏菌污染事件和苏格兰大肠杆菌事件(导致 21 人死亡)也使得欧盟消费者对政府食品安全监管缺乏信心,这些食品安全危机促进了食品追溯系统的建立。为此,畜产品可追溯系统首先在澳大利亚、欧盟范围内建立。

一、欧盟

早在 1989 年,欧洲经济共同体(EEC,简称欧共体)发布理事会指令 89/396/EEC《鉴别食品批次的表示或标注》,要求须对食品做标记以确定批次,通过批号编码来识别食品,保证产品的自由运输和消费者拥有充分信息。为应对疯牛病问题,欧盟于 1997 年开始逐步建立食品安全信息可追溯制度,2000 年 7 月《欧洲议会和理事会条例(EC) No. 1760/2000 制定牛类动物和有关牛肉和牛肉制品标签识别和登记制度并废除理事会条例（EC）No.820/97》发布，该条例要求建立对牛类动物和牛肉、牛肉产品标记的识别和注册体系，以实现对牛类动物产品的追溯。

2002年1月欧盟第178/2002号法规即《基本食品法》发布，其第18条明确要求强制实行可追溯制度，凡是在欧盟国家销售的食品必须具备可追溯性，否则不允许上市。按照该规定，食品、饲料、供食品制造用的动物以及其他所有计划用于或预计用于制造食品或饲料的物质，在生产、加工及销售的所有阶段都应建立可追溯性制度。欧委会健康和消费者保护总局食品链和动物健康标准委员会，2004年12月发布《（EC）No.178/2002欧盟食品安全基本法第11，第12，第16，第17，第18，第19和第20款实施指南》，目的是协助在食物链中的所有参与方，更好地理解和正确地应用《食品基本法》，能以统一的方式协调建立实施可追溯。

除此之外，欧盟还有不少法规对可追溯制度做出了具体规定，如《（EC）No.1830/2003转基因食品和转基因饲料产品的可追溯性和标签法规》对转基因产品的可追溯性和标记以及从转基因产品生产的食物和饲料的可追溯性进行了特殊规定；《欧洲议会和理事会（EC）No.852/2004食品卫生法》对饲养动物所用药物、添加剂、农作物及杀虫剂和使用饲料的性质、来源和使用进行追溯；《（EC）No.1935/2004食品包装材料法规》《（EU）No.931/2011动物源食品的追溯实施条例》《（EU）No.404/2011针对欧盟鱼类法规（EU）No.1224/2009的实施条例》《（EU）No.208/2013豆芽和用于生产豆芽的种子可追溯实施条例》。

二、美国和加拿大

（一）美国

2002年，因"9·11事件"美国国会通过了《生物反恐法案》，将食品安全提高到国家安全战略高度,提出"实行从农场到餐桌"的风险管理,要求企业建立产品可追溯制度。在该法案实施前,美国缺乏国家层面对于食品追溯的法规要求。在《生物反恐法案》中明确提出了文档记录的要求,要求有食品分销的详细记录,以协助在食源性疾病暴发时判定污染源。

在《生物反恐法案》的指导下,食品药品管理局(FDA)制定了《记录建立和保持的规定》《生产设施注册及进口食品运输前通知的规定》和《管理性扣留的规定》等法规,为企业和执法者提供了实施食品追溯的技术和执法依据。2003 年 FDA 又公布了《食品安全跟踪条例》。2011 年 1 月 4 日由美国总统奥巴马签署《食品安全现代化法案》(FSMA)并成为正式法律,FSMA 标志着美国建立起一个全新的食品安全监管模式。这部法律重点对 1938 年颁布的《联邦食品、药品和化妆品法案》进行了修订,成为美国涉及食品和农产品质量安全监管最重要的联邦法,因此受到消费者、生产者的广泛关注,被称为"一部历史性的法案"。该法案对食品行业建立食品档案和追溯制度提出了要求,具有很强的可操作性,其配套规章《产品追溯》规定食品企业要建立生产档案和追溯制度。

(二) 加拿大

1998 年,以市场需求为导向,加拿大牛标识机构发布了标识计划(The Canadian Cattle Identification Program),通过《联邦动物健康法》对此提供法律支持。2001 年,魁北克省建立了农业追溯制度。2003 年,加拿大联邦、省和自治领地政府在 2003 年版的"农业政策框"中达成了 5 年政策协议,将追溯问题纳入食品安全和质量环节,明确对产业界牵头的"识别和追溯计划"提供资金支持,在 2008 年实现对国产农产品食品在销售水平上达到 80% 的追溯能力。2003 年,Can-Trace 研究项目正式启动,开发加拿大所有农产品种养者和食品处理加工制造者、分销商、零售商和进出口商都可遵守的追溯标准,目前已经完成食品安全追溯数据标准、决策支持系统开发和牛肉、猪肉、新鲜果蔬、水产品的先导研究。2006 年,联邦政府和地方区域农业部门决定逐步实施国家农产品及食品追溯计划(National Agriculture and Food Traceability System,NAFTS)达到食品可追溯性。2013 年,加拿大牲畜追溯系统由食品检验署执行并由动物健康规章监管。2014 年,加拿大食品检验局(Canadian Food Inspection Agency,CFIA)发布了养殖猪和野猪的追溯要求。

三、澳大利亚和新西兰

澳大利亚的家畜追溯系统(NLIS)源于 20 世纪 60 年代新南威尔士州根治牛布氏杆菌病的项目,该项目引进了一种在尾部缠绕标牌的方法。1999 年,NLIS 被全国采纳以追溯出口至欧洲的牛群,维多利亚州起了主导作用。2003 年,初级产业部委员会达成协议,实施牛追溯要求和绩效的公共标准,最终在澳大利亚各州得到了一致认同。新西兰的食品安全局和初级产业部在 2012 年和 2013 年分别通过国家动物识别和追溯系统(NAIT)强制了对牛和鹿的追溯。

澳大利亚对其他食品追溯的法律要求体现在食品法典中对标签的要求和对特定产品类别(海产品、禽肉、肉类和肉产品、乳制品、蛋类和蛋制品、种子芽)的追溯性要求。新西兰对追溯性的整体法律要求还在探讨之中。在澳新食品标准局(FSANZ)的官方网站上公布了追溯定义:追溯是指食品通过生产、加工、配送等各阶段(包括进口和零售)的追踪能力。追溯体系应当意含在供应链的任何点一步向前,一步向后的移动可被追踪。对于食品加工企业,追溯体系应当达到能识别所有食品输入来源,如原材料、添加剂、其他配料和包装材料。

澳新小组认为零售商的推动、行业规范以及企业本身才是追溯体系的真正动力。

四、日本

进入 21 世纪,日本国内有关食品安全的事故接连不断,例如,2001年 9 月日本国内发现首例疯牛病,2002 年 8 月日本山形县出现无登录农药的使用问题。这些食品安全问题以及由此产生的经济危害给日本社会造成了极大影响,它极大地动摇了日本国内消费者对食品的安全性以及对政府食品行政的信心,同时也促使日本政府和食品行业深刻反思并意识到对食品供应链全程进行风险管理的重要性。如何对从食品的原材料生产到食品加工、流通的整个食品供给链进行风险管理,确保食品安全并让消费者吃得放心,成为 21 世纪日本食品业界面临的重大课题。

2002 年农林水产省召集相关专家商讨制定统一的操作标准用于指导食品生产经营企业建立食品可追溯制度,并于 2003 年 4 月公布了《食品可追溯指南》(以下简称《指南》)。该《指南》后来又经过 2007 年和2010 年 2 次修订和完善。

农林水产省通过"安全、安心情报提供高度化事业"项目的扶持,2002 年选择蔬菜、水果、大米、鸡肉、牡蛎、水产加工品、果汁 7 个领域进行追溯系统开发的试验,利用条码、ID 标签、互联网等 IT 技术建立相应产品追溯系统的示范项目,之后在蔬菜、水果、大米、猪肉、鸡肉、鸡蛋、养殖水产品、菌类等产品中进行了推广并发布了相关的操作指南。

2003 年日本颁布《牛肉可追溯法》并在牛肉中建立强制性可追溯制度后,2009 年日本又颁布了《关于米谷等交易信息的记录及产地信息传递的法律》(又称《大米可追溯法》),对大米及其加工品实施可追溯制度。

五、中国

2006 年颁布的《农产品质量安全法》明确了农产品生产加工过程中

的相关记录要求,2009 年生效的《食品安全法》及《食品安全法实施条例》中均明确了食品生产经营过程中的记录要求。2015 年修订的《食品安全法》第 42 条明确规定"国家建立食品安全全程追溯制度",这是首次将"追溯"的要求写入法律。

近几年来,国务院法制办、发改委、农业部、商务部、食药总局、质检总局、粮食局等部委陆续发布与"追溯"相关的法律、法规、行政规章 28 项,地方政府陆续发布与"追溯"相关的行政规章 41 项。自 2010 年以来,陆续发布与追溯相关的国家标准 1 项、推荐性国标 9 项、行业标准 34 项、地方标准 27 项。

2015 年 12 月 30 日国办发〔2015〕95 号《国务院办公厅关于加快推进重要产品追溯体系建设的意见》提出了"完善标准规范、发挥认证作用、推动互联互通"的要求。2016 年 9 月 22 日食药监科〔2016〕122 号《食药总局关于推动食品药品生产经营者完善追溯体系的意见》第 5 条要求:地方各级食品药品监管部门要按照有关法律法规的规定,督促行政区域内相关生产经营者认真落实产品追溯主体责任;食药监科〔2016〕122 号第 6 条要求:鼓励生产经营者运用信息技术建立食品药品追溯体系。鼓励信息技术企业作为第三方,为生产经营者提供产品追溯专业服务。各级食品药品监管部门不得强制要求食品药品生产经营者接受指定的专业信息技术企业的追溯服务。

为落实上述两个《意见》,国家食品药品监督管理总局(China Food and Drug Administration,CFDA)2017 年 3 月 28 日发布了《关于食品生产经营企业建立食品安全追溯体系的若干规定》。该规定明确了企业建立、部门指导、分类实施、统筹协调四个基本原则,该规定"适用食品生产经营企业建立食品安全追溯体系及食品药品监管部门的指导和监督。明确了生产企业、销售企业、餐饮企业应当记录的基本信息;明确了食品生产经营企业应当记录的运输、贮存、交接环节等基本信息。所指食品生产经营企业,包括食品生产企业,食品、食用农产品销售企业,餐饮企业,食品、食用农产品运输、贮存企业等食品监管部门应当依法监管的企业。该规定不包括《中华人民共和国食品安全法》确定的特殊食品生产经营企业;不适用食品、食用农产品销售企业销售自制食品;不适用餐饮企业销售非预包装食品。不适用的食品生产经营主体和行为,可参照该规定建立食品安全追溯体系。"

六、食品追溯的目的

通过查询欧盟、美国、加拿大、澳大利亚、新西兰、日本以及我国相关的法规条文里"purpose""objective""目的""目标"这些词直接描述追溯的目的外,我们根据追溯相关法规的发布背景、可追溯标准及相关的研究文献,从国际标准化组织和国际食品法典委员会的食品追溯概念入手,来研究食品追溯的目的。

食品追溯的概念。国际标准化组织(ISO)在 ISO 9001—87《质量体系——设计/开发、生产、安装和服务的质量保证模式》的 4.8 条款提出了"追溯"的概念。"4.8 标识与追溯"提出:"必要时,供方应建立并保持形成文件的程序,在接收和生产、交付及安装的各阶段以适当的方式标识产品。在规定有可追溯性要求的场合,供方应建立并保持形成文件的程序,对每个或每批产品都应有唯一性标识,这种标识应加以记录(见 4.16 质量控制记录)。"ISO 9001—87 要求通过建立适当的文件程序、标识、记录以确保质量活动的追溯。随着质量管理体系的逐步演变和完善,追溯的要求也越来越完善,进而形成追溯制度、追溯体系。由此可见,追溯体系不应独立存在于质量管理体系之外的,而是质量管理体系的一部分。

国际食品法典委员会(CAC)2006 年发布了《CAC/GL 60—2006 食品检验和认证系统中可追溯性/产品追溯的原则》,CAC/GL 60—2006 追溯的定义指"追踪食物在生产、加工和配送的特定阶段流动的能力"。

2007 年 ISO 发布了《ISO 22005:2007 饲料和食品链的可追溯性　体系设计与实施的通用原则和基本要求》,2009 年我国发布了 ISO 22005:2007 的等同转换标准 GB/T 22005—2009。GB/T 22005—2009 食品追溯的定义是指"追踪饲料或食品在整个生产、加工和分销的特定阶段流动的能力"。这两个定义明确指出是食品(食物)在"特定阶段"的流动能力,因此在设计追溯体系时需要明确界定追溯的范围。通俗地理解,食品追溯解决的是食品在食品链中的"定位"问题,将食品的流动轨迹记录下来以便需要时进行"定位",以查找食品安全问题食品的来源以及去向。

食品追溯的目的。食品追溯的目的是什么? 在大多数国家与追溯相关的法规条文或标准里可以看到这样类似的描述:为了保护消费者免受食品危害和食品欺骗的危害,以促进食品安全。2017 年 3 月 38 日国家食药总局发布了《关于食品生产经营企业建立食品安全追溯体系的若干规定》(以下简称《若干规定》),《若干规定》第 2 条"工作目标"可以理解为"食品追溯的目的":"食品生产经营企业通过建立食品安全追溯体系,客观、有效、真实地记录和保存食品质量安全信息,实现食品质量安全顺向可追踪、逆向可溯源、风险可管控,发生质量安全问题时产品可召回、原因可查清、责任可追究,切实落实质量安全主体责任,保障食品质量安全。"爱尔兰食品安全局 2013 年发布的《指导文件第 10 号:产品召回与追溯(第 3 版)》指出了食品追溯体系的两大目的:"一是通过定义一批食品及其生产中使用的原料批次的唯一性,以便跟踪食品的物理流向直至经由食品链流向直接顾客,并可追踪原材料的物理流向直至原材料的直接供应商;二是根据主管当局的要求,在短时间内提供和保持准确的可追溯性记录,以便进行例行检查或调查。"日本农林水产省 2007 年发布的《食品可追溯指南(第 2 版)》4.1 条款这样表述追溯体系目的:"追溯体系是为食品安全事故和不合格产品而制定的系统。该系统还允许当标签等携带信息的可靠性受到威胁时验证正确性。这不是一项确保食品安全的直接措施,而是有助于获得消费者和相关的食品生产经营者的信任。"

食品追溯的作用除了用于食品安全问题产品的追回和/或召回外，相关标准和研究文献里阐述了其他的作用和目的。如《ISO 22005：2006食品安全管理体系—要求》的4.3条款列举了建立食品追溯的9种目的，USDA 2004年发布的《美国供应链的可追溯性：经济理论与行业研究》（Traceability in the U. S. food supply：Economic theory and industry studies，以下简称AER-830报告）认为："美国可追溯系统的建立倾向于经济因素驱动，而不是政府的可追溯监管。公司建立可追溯系统，以改善供方管理，增加安全和质量控制，并销售具有信任属性的食品（消费者难以检测的属性，例如是否通过基因工程生产食品）。与这些目标相关的好处包括降低配送系统成本，减少召回费用，以及扩大高价值产品的销量。"AER-830报告接着分析道："然而，追溯系统并不是实现这些目标的唯一手段，而且仅有它不能完成其中任何一个目标。仅仅了解产品在供应链中的位置并不能改善供方管理，除非追溯系统与实时交付系统或其他库存控制系统相匹配；仅凭食品生产过程中的批量跟踪系统不会提高食品的安全性，除非该系统与有效的食品安全管理体系相关联。当然，追溯系统也不能建立信任属性，它只是验证它们的存在。"我们也注意到，国与国之间的追溯法规要求的不同，在国际贸易中甚至可以通过食品追溯要求设置"技术壁垒"以平衡进出口贸易。

本报告认为食品追溯可以满足三个方面的需要：一是出于保障食品安全的需要，一旦出现食品安全问题产品可以实现追回和/或召回；二是强化供应链管理的需要，防止来路不明的食品和食品原料走向消费者餐桌；三是产品宣传或产品增值的需要，满足产品细分的要求，以获得高价值产品的销量，如有机、绿色食品的追溯系统宣传。以上三个方面对维护食品生产经营企业的声誉、品牌的保护、获得消费者忠诚度均有正面的作用。

综合上述分析，食品追溯的作用不应被夸大，其根本目的是顺向可追踪、逆向可溯源,发生食品安全问题时可以将问题产品追回和/或召回。食品追溯并不能直接改善食品安全,只有当食品追溯体系与食品安全管理体系相关联时才能提高食品的安全性,因为追溯体系的好坏区别在于追溯的时效性与准确性,当产品出现问题时,追溯体系再好,追回的还是问题产品,不可能追回一个好产品。有效的食品追溯体系通过科技的手段可以快速准确查找食品安全问题食品的来源以及去向,将食品安全问题食品追回和/或召回,从而减少和降低危害,最大限度保障消费者的安全。

如何建立有效的食品追溯体系?

首先,各国法律明确规定食品生产经营企业是食品追溯体系建设的主体,食品生产经营企业应建立基于"一步向前、一步向后"的追溯体系。食品企业追溯体系的建立早于相关法规的发布,追溯体系的推动力首先来自企业自身发展的需求,而不是政府的监管,因为追溯体系在满足监管要求的同时可以带来很多的好处(前文详细描述过)。

欧盟委员会《EC No. 178/2002 食品基本法》2007 年修订稿第 18 款要求"对非动物源食品和复合产品,一般要求是满足"一步向前、一步向后"追溯能力的最低信息要求(general requirements for one step forward and one step back traceability with minimum information requirements set for food of non-animal origin and composite products)"。爱尔兰食品安全局的《指导文件第 10 号:产品召回与追溯(第 3 版)》第 7 页"食品追溯体系的目的之一是通过定义一批食品及其生产中使用的原料批次的唯一性,以便跟踪食品的物理流向直至经由食品链流向直接顾客,并可追踪原材料的物理流向直至原材料的直接供应商(to identify uniquely, a batch of food and the raw material batches used in its production, in a way which allows tracking the physical flow of the food forwards through the food chain to the immediate customer and tracing of the physical flow of raw materials backwards to the immediate supplier)"。

加拿大农业及农业食品部的《加拿大食品追溯数据标准2.0》2.1目的"这个标准定义了支持向上一步/向下一步追踪模型所需的最小数据（this standard defines the minimum data that is needed to support a one-up/one-down traceability model）"。日本农林水产省的《食品可追溯指南》第25—26页提出建立可追溯体系的九项原则，原则4是"确保一步向后追溯（ensuring one step back traceability）"、原则6是"确保一步向前追溯（ensuring one step forward traceability）"。

美国食品工艺学家学会（Institute of Food Technologists，IFT）。IFT受美国FDA委托，于2011年9月开始产品追溯能力试点项目研究，2012年8月提交《沿着食品供应系统提高产品追溯能力的试点项目最终报告》（以下简称《试点项目报告》）。《试点项目报告》提出了10条建议，其中第8条为："如果可以获得的话，FDA应该要求关键事件追踪（critical tracing event，CTE）和关键数据元素（key data element，KDE）的数据超出供应链中的一步向前、一步向后的范围。本建议基于有能力的供应链合作伙伴可提供的信息，不建议作为所有供应链合作伙伴的要求。"这说明《试点项目报告》认同"一步向前、一步向后"是基础，并支持有条件的企业的追溯能力超越"一步向前、一步向后"的范围。

爱尔兰食品安全局的《指导文件第10号：产品召回与追溯》第3版在"过程追溯"中提到，食品生产经营企业内部的过程追溯不是欧盟及爱尔兰的法规要求，是最佳实践要求。因此，是否向公众公开以及公开哪些过程追溯信息，是食品生产经营企业自愿行为，应由企业自行决定。

我国食药总局2017年发布的《若干规定》要求生产企业"根据实际情况，原则上确保记录内容上溯原辅材料前一直接来源和产品后续直接接收者，鼓励最大限度将追溯链条向上游原辅材料供应及下游产品销售环节延伸"，要求生产企业确保"一步向前、一步向后"的追溯能力，然后鼓励向上向下延伸；《若干规定》要求销售企业记录进货信息、贮存信息、销售信息，要求餐饮企业记录进货信息、贮存信息，要求食品生产经营企业记录运输、贮存、交接等基本信息。这些要求体现了"一步向前、一步向后"的理念。

我国《食品安全法》要求的"建立全程食品安全追溯制度"不应是要求所有企业建立覆盖全食品链的追溯体系,而应是从整个食品链看是否具备全程食品安全追溯的能力。如果食品链中每一个企业均能建立"一步向前、一步向后"的追溯体系,这条食品链就能具备全程食品安全追溯的能力。

其次,食品生产经营企业建立质量管理体系、食品安全管理体系,有助于提升其食品追溯体系的有效性。ISO 9000 系列标准自发布起就对记录和追溯提出了要求,随着 ISO 9000 系列标准的改版,可追溯的要求也获得了完善。国内外优秀的食品生产经营企业在建立和运行 ISO 9001 体系的同时逐步建立了符合其业务实际的追溯体系,这也印证了追溯体系伴随质量管理体系、食品安全管理体系而运行,从而提升质量管理水平、保障其供应链的完整性、强化食品链的安全性,进而公司声誉和品牌获得保护,获得消费者的忠诚度。ISO 于 2007 年发布了《ISO 22005:2007 饲料和食品链的可追溯性 体系设计与实施的通用原则和基本要求》,提供了如何建立食品安全管理体系及追溯体系的解决方案,这些理念和做法亦逐渐为各国和地区政府所接受,食品安全追溯体系逐步成为政府食品安全监管的抓手。

对于规模企业建立并运行质量与食品安全管理体系,通过第三方认证,让追溯体系得到验证和加强;对于规模企业,还有责任影响和推动其上游供应商、下游客户建立"一步向前、一步向后"的追溯体系,这样一环扣一环以建立全程食品安全追溯体系;对于中小型企业实施类似"GFSI 全球市场计划"这样的食品安全管理能力提升方案,逐步提升食品安全管理水平和追溯能力。

第三,食品生产企业应着眼于建立"一步向前、一步向后"的追溯体系,一般企业不应过分强调全食品链的、全面的追溯体系。部分食品生产经营者开始着手建立整个食品供应链的可追溯体系,这样的举措对于提升产品质量、提高产品的竞争力,增加生产经营的透明度、获取更多消费者的信任,无疑是有一定裨益的。但是,食品安全的可追溯性还应着眼于"一步向前、一步向后",立足于 HACCP 或类似食品安全管理体系的建立和实施。否则,过分强调搭建全食品链的、全面的可追溯体系的重要性,可能会本末倒置。对于少数大型企业,其业务涉及从农田(饲料)到餐桌(零售)的全过程,按照"一步向前、一步向后"的原则,需要建立全产业链食品追溯体系。

七、小结

我国的食品生产经营企业对食品追溯体系的范围存在困惑,例如:快餐店的鸡肉该追溯到哪一级的供应商,还是追溯到养殖场、鸡饲料?对于制造商,原料及供应商很多,是追溯到直接的供应商还是供应商的供应商?"一步向前、一步向后"的要求适用于所有类型的食品生产经营企业、更符合国情。实际上,对于众多的中国中小型食品生产经营企业来说,建立"一步向前、一步向后"食品安全追溯体系给企业管理者提出了更高的要求,使得企业从单纯地"使用合格的原料"提升到全面管理原料供应商的水平,也促进了流通环节管理水平的提升。这一变化有利于防止来源不明的食品或食品原料走向消费者的餐桌,有利于提升流通环节追溯能力,对从根本上提高我国食品安全整体水平具有深远的意义。

本报告认为:①食品追溯体系是质量和食品安全管理体系的一部分,建立食品追溯体系是法规的要求,其目的是实现食品顺向可追踪、逆向可溯源,必要时可以将问题食品追回和/或召回。②"一步向前、一步向后"的要求适用于所有类型的食品生产经营企业,只要是满足"一步向前、一步向后"的要求,无论是基于纸质的还是电子化的追溯体系均是可接受的,由此建立全程食品安全追溯能力。③追溯体系本身不能直接提升食品的安全性,只有在与有效的食品安全管理体系相关联之后才能发挥作用。④食品生产经营企业出于保护企业的声誉和品牌、赢得消费者忠诚度的需要,具备建立食品追溯体系的动力,应由企业主导建立食品安全追溯体系,这与《中华人民共和国食品安全法》的要求一致。

第二部分　术语及名词解释

一、术语和名词解释

1. 食品 food

指各种供人食用或者饮用的成品和原料以及按照传统既是食品又是中药材的物品,但是不包括以治疗为目的的物品。(《食品安全法》)

2. 食品链 food chain

从初级生产直至消费的各环节和操作的顺序,涉及食品及其辅料的生产、加工、分销、贮存和处理。(GB/T 22000—2006,3.2)

3. 不安全食品 unsafe food

指食品安全法律法规规定禁止生产经营的食品以及其他有证据证明可能危害人体健康的食品。(CFDA《食品召回管理办法》)

4. 追回(撤回)withdrawal

指在到达消费者之前,从市场上排除一种不安全的食品。(爱尔兰食品安全局《产品召回和追溯指南》)

Withdrawal means the removal of an unsafe food from the market before it has reached the consumer. (Guidance Note No. 10: Product Recall and Traceability—Food Safety Authority of Ireland)

食品生产经营者生产经营的不安全食品未销售给消费者,尚处于其他生产经营者控制中的,食品生产经营者应当立即追回不安全食品,并采取必要措施消除风险。(CFDA《食品召回管理办法》)

5. 召回 recall

指从市场上排除一种不安全的食品并通告消费者,该食品可能已到达消费者手中(爱尔兰食品安全局《产品召回和追溯指南》)。

Recall means that the removal of an unsafe food from the market when it may have reached the consumer and the notification of the consumer. (Guidance Note No. 10: Product Recall and Traceability—Food Safety Authority of Ireland)

食品生产者通过自检自查、公众投诉举报、经营者和监督管理部门告知等方式知悉其生产经营的食品属于不安全食品的,应当主动召回。(CFDA《食品召回管理办法》第 12 条)

6. 可追溯性(追溯能力)traceability

中国:可追溯性是指追溯饲料或食品在整个生产、加工和分销的特定阶段流动的能力。(GB/T 22005—2009,3.6)

欧盟:可追溯性是指通过生产、加工、分销的所有环节追溯食品、饲料、食用动物以及用于消费的其他物质的能力。Traceability means the ability to trace and follow a food, feed, food-producing animal or substance intended to be, or expected to be incorporated into a food or feed, through all stages of production, processing and distribution. (Regulation (EC) No. 178/2002)

澳大利亚和新西兰:追溯性是指食品通过生产、加工、配送等各阶段

（包括进口和零售）的追踪能力。追溯性应当意含在供应链的任何点一步向后、一步向前的移动可被追踪。对于食品加工企业,追溯性应当能够达到能识别所有食品输入来源,如原材料、添加剂、其他配料和包装材料。Traceability is the ability to track any food through all stages of production, processing and distribution (including importation and at retail). Traceability should mean that movements can be traced one step backwards and one step forward at any point in the supply chain. For food processing businesses, traceability should extend to being able to identify the source of all food inputs such as: raw materials, additives, other ingredients, packaging. (Food Standards Code)

美国:食品技术研究所(IFT)受 FDA 委托按照"食品安全现代化法案"的要求开展了关于食品追溯的先导研究(pilot projects)。在研究报告中 IFT 写道:"最近,traceability 被从 product tracing(产品追溯)中区分了出来。traceability 通常被理解为单个公司的内部实践,而 product tracing(产品追溯)则是指横跨供应链的向后和向前追溯的体系。"

加拿大:追溯性是指从供应链的某一节点到另一节点全程跟踪一个或一组动植物、食品或配料产品的能力。加拿大国家畜禽追溯制度以三大支柱为基础:畜禽物种识别、畜禽饲养场识别和畜禽产品流向。Traceability is the ability to follow an item or group of items—be it animal, plant, food product or ingredient—from one point in the supply chain to another. A national livestock traceability system is based on three pillars: animal identification; premises identification; and animal movement. (Canadian Traceability National Agriculture and Food Traceability System, NAFTS)

7. 可追溯体系(追溯体系)traceability system

能够维护关于产品及其成分在整个或部分生产与使用链上所期望获取信息的全部数据和作业。(GB/T 22005—2009,3.12)(注:数据记录

方式包括纸质记录和其他形式的电子记录方式)

8. 食品安全追溯体系 food safety traceability system

是指追溯体系中与食品安全要求相关的所有内容。(本课题组)

9. 追踪 tracking

是指从供应链的上游至下游,追踪一个特定的单元和/或一批交易品在不同商业伙伴间流通路径的能力。定期对交易品进行追踪是出于产品可用性、库存管理和物流的目的。本标准重点是追踪产品从源头到应用节点的全过程。Tracking is the ability to follow the path of a specified unit and/or lot of trade items downstream through the supply chain as it moves between trading partners. Trade items are tracked routinely for availability，inventory management and logistical purposes. In the context of this standard，the focus is on tracking items from the point of origin to the point of use (Canadian Food Traceability Data Standard Version 2.0).

10. 溯源 tracing

是指通过查阅从供应链下游至上游所保留的记录来识别位于供应链中一个特定的单元来源的能力。对相关单元进行溯源是出于产品召回和投诉的目的。Tracing is the ability to identify the origin of a particular unit located within the supply chain by reference to records held upstream in the supply chain. Units are traced for purposes such as recall and complaints.

11. 批次 batch(lot)

中国:批次是相似条件下生产和/或加工的包装的某一产品单元的集合。(GB/T 22005—2009,3.3)

加拿大:批次是为了表示一批或一组投入品、产品、动物和/或产出品而指定的具有唯一性的一个数字或编码。批号通常由制造产品的公司或个人指定。批被定义为在类似的情况下已生产和/或加工或包装的一组产品单元。注1：批是根据企业组织机构事先建立的参数来确定的。注2：一组产品单元可缩减至一个单一的产品单元。（加拿大《食品追溯数据标准2.0版》）lot number：A number or code assigned to uniquely represent a batch or group[1] of inputs, products, animals, and/or outputs. The company or individual creating the goods generally assigns the number. [2] A lot is defined as a set of units of a product，which have been produced and/or processed or packaged under similar circumstances. Note 1：The lot is determined by parameters established beforehand by the organization. Note 2：A set of units may be reduced to a single unit of product. （Canadian Food Traceability Data Standard Version 2.0）

欧盟：产品批次product batch由一个或多个销售单位组成的一个明确确定的产品数量；多个销售单元是经过同样的加工、有相同原料、包装和服务的。Product batch means that a clearly identified unique volume of product consisting of one or more saleable units sharing a common process，common ingredients，packaging and services.

爱尔兰：配料批次指来自单一供应商的一个明确确定的成分的数量。通过供应商使用的一个可追溯性代码来识别，或者定义为单一交货量。（爱尔兰食品安全局《产品召回和追溯指南》）Ingredient batch means that a clearly identified unique volume of ingredient from a single supplier that is either identified by a traceability code applied by the supplier or is identified as a single delivery. （Guidance Note No. 10：Product Recall and Traceability—Food Safety Authority of Ireland）

12. 批次标识 batch identifying

对某一批次指定唯一标识的过程。（GB/T 22005—2009,3.4）

13.追溯单元 tracing unit

需要对其来源、用途和位置的相关信息进行记录和追溯的单个产品或同一批次产品。（GB/Z 25008—2010,3.1）

14.经销商 dealer or distributor

与食品生产企业直接发生销售行为的企业、单位和个人。（DBJ 440100/T 42—2009,2.2）

15.供应商 supplier

向食品生产企业直接提供原材料、设备、服务等的企业、单位和个人。（DBJ 440100/T 42—2009,2.3）

16.直接供应商 immediate supplier

指在供应链中的上游直接的人或企业,由其供应原料到食品业务中。Immediate supplier means the person or business one step down in the supply chain who supplies raw materials into a food business. (Guidance Note No. 10：Product Recall and Traceability—Food Safety Authority of Ireland)

17.终端消费者 final consumer

食品的最终消费者,他们不会将食品用作任何食品的生产经营活动或部分环节。Final consumer means the ultimate consumer of a foodstuff who will not use the food as part of any food business operation or activity. (Regulation（EC）No. 178/2002)

18.直接客户 immediate customer

指在食品供应链中下一个人或下一步企业,由其处理或销售由食品业务所生产的食品。Immediate customer means the next person or business one step up in the supply chain who handles or sells the foodstuff produced by the food business. (Guidance Note No. 10：

Product Recall and Traceability—Food Safety Authority of Ireland)

二、小结

1. 我国出台的法规及相关标准里的术语和定义大多数与国际通用的一致,主要源自《ISO 22005:2007 饲料和食品链的可追溯性 体系设计与实施的通用原则和基本要求》。

2. 本报告中的食品包括食用农产品。食用农产品范围源自商务部、财政部、国家税务总局《关于开展农产品连锁经营试点的通知(商建发〔2005〕1 号)》之附件《食用农产品范围注释》。

3. 为排除市场上的不安全食品,应采取"召回"或"追回"的方式。如果产品可能送达消费者手中,将产品运回生产经营企业称为"产品召回";如果没有送达消费者手中称为"产品追回",英文是 withdrawal,有的地方译为"撤回"。本报告认为:有必要区分产品追回与产品召回的定义及不同的处理流程,以区别对待不同情形的产品,在控制风险的同时减少社会资源的消耗,减少公众不必要的恐慌,保护企业的声誉,从而促使食品生产经营企业主动沟通,并主动将不安全产品排除。

第三部分　监管现状分析

一、监管模式

(一)欧盟

1989 年,欧洲经济共同体(EEC,简称欧共体)发布理事会指令 89/396/EEC《鉴别食品批次的表示或标注》,要求须对食品做标记以确定批次,通过批号编码来识别食品,保证产品的自由运输和消费者拥有充分信息;理事会条例(EEC) No.1906/90 家禽的某些销售标准和欧盟委员会条例(EC)No.2295/2003 引入关于蛋类的某些市场标准的理事会条例(EEC)No.1907/90 实施细则,对蛋类和禽类提出了可追溯性要求;理事会条例(EC)No.2200/96 水果和蔬菜共同组织,对水果蔬菜提出了可追溯性要求:要求新鲜的蔬菜和水果、某类水果干必须标明原产地,但这一规定也适用于土豆、葡萄、香蕉、豌豆、饲料豆和橄榄;目前上述法规已作废。

为应对疯牛病问题,欧盟于 1997 年开始逐步建立食品安全信息可追溯制度,2000 年 7 月《欧洲议会和理事会条例(EC)No.1760/2000 制定牛类动物和有关牛肉及牛肉制品标签识别和登记制度并废除理事会条例（EC）No.820/97》发布，该条例在对牛类动物产品的可追溯性方面，要求建立对牛类动物和牛肉、牛肉产品标记的识别和注册体系。

2002年1月欧盟《（EC）No.178/2002通用食品法》发布，其第18条明确要求强制实行可追溯制度，凡是在欧盟国家销售的食品必须具备可追溯性，否则不允许上市。按照该规定，食品、饲料、供食品制造用的动物以及其他所有计划用于或预计用于制造食品或饲料的物质，在生产、加工及销售的所有阶段都应建立可追溯性制度。欧委会健康和消费者保护总局食品链和动物健康标准委员会，2004年12月欧盟发布《（EC）No.178/2002通用食品法第11，第12，第16，第17，第18，第19和第20款实施指南》，目的是协助在食物链中的所有参与方，更好地理解和正确地应用食品基本法，能以统一的方式协调建立实施可追溯。

除此之外，欧盟还有不少法规对可追溯制度做出了具体规定，如欧洲议会和理事会（EC）No.1830/2003对转基因产品的可追溯性和标记以及由转基因产品生产的食物和饲料的可追溯性进行了特殊规定；欧洲议会和理事会《（EC）No.852/2004食品卫生法》规定在饲养动物所用药物、添加剂的正确适当使用和追溯，植物保护产品和杀虫剂的正确适当使用和追溯，饲料的追溯等初级生产中相关业务对可能出现的风险，应有良好卫生规范指南；欧洲议会和理事会（EC）No.1935/2004对食品接触材料及其制品的追溯条款；欧盟动物源食品执行《（EC）No.178/2002通用食品法》追溯规定的（EU）No.931/2011委员会实施条例；理事会（EU）No.1224/2009为确保符合共同渔业政策规定，建立共同控制体系和针对（EU）No.1224/2009的（EU）No.404/2011委员会实施条例对渔业和水产养殖产品进行可追溯管理与规定；（EU）No.208/2013豆芽和用于生产豆芽的种子可追溯要求的实施条例。欧盟农产品物流追溯体系的运作模式见图3.1。

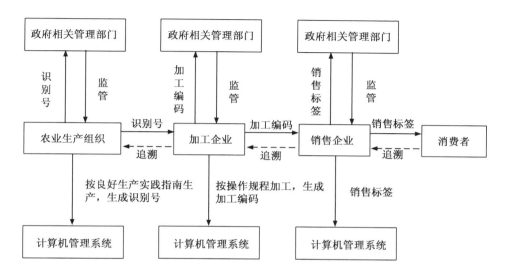

图 3.1 欧盟农产品物流追溯体系的运作模式

在成员国的层面,各成员国在确保落实欧盟层面关于食品安全的统一规定的基础上,结合本国的食品安全管理需要,制定各成员国的食品安全法规,并实施监管。例如,爱尔兰食品安全局颁布的《指导文件第 10 号:产品召回和追溯》。

(二)美国和加拿大

1. 美国

美国对食品安全的管理体制由几个部门联合管理,采取按品种监管,监管某一品种从生产源头到消费者的全产业链,实现供应链全程可追溯。具体来说,美国食品药品监督管理局(FDA)负责美国境内除畜肉、禽肉和蛋类产品以外大部分食品的安全。美国农业部(USDA)负责管理畜肉、禽肉及蛋类产品的安全。联邦环境保护署(EPA)负责制定食品中农药残留限量标准以及饮用水安全标准,但食品中农药和其他有毒物质的残留限量及饮用水安全由 FDA 负责监测和执行。美国食品药品监督管理局（FDA）和美国农业部下属的动植物卫生检疫局（APHIS）负责对可追溯的监管。

2002 年，美国国会通过了《生物反恐法案》，要求企业建立产品追溯制度。美国从此开始了在国家层面制定可追溯性要求的法规。该法案要求美国的食品生产者、加工者、包装、运输、分销、收货和进口食品的相关方均需要有食品来源的存档记录，以识别食品来源及食物的接收者。在《生物反恐法案》的指导下，FDA 制定了《记录建立和保持的规定》《生产设施注册及进口食品运输前通知的规定》和《管理性扣留的规定》等法规，为企业和执法者提供了实施食品追溯的技术和执法依据。2003 年 5 月，FDA 又公布了《食品安全跟踪条例》，要求涉及食品运输、配送和进口的企业对食品流通过程中的全部信息进行记录并保存。2011 年 1 月 4 日，《食品安全现代化法案》（FSMA）由美国总统奥巴马签署并成为正式法律。该法案及其配套规章《产品追溯》要求食品企业建立生产档案和追溯制度。

美国没有关于建立可追溯性系统的强制性标准，只是针对牲畜、海产品等高风险产品建立可追溯性的自愿性指导方针。动物的追溯性是可追溯性法规的重点，法规监管也主要专注于牲畜从出生到屠宰厂的识别和追踪。

美国农产品的物流追溯体系主要从农业生产、包装加工和运输销售三大主要环节进行控制和管理，通过产品供应商（运输企业除外）建立的前追溯制度和后追溯制度形成完整的可追溯链条。当任一环节出现问题时，通过前追溯制度可以查到问题的根源并进行及时处理。运输和销售过程实行食品供应可追溯制度和 HACCP 认证制度，运输企业主要负责将供应商后追溯信息转给批发商或零售商。美国农产品可追溯体系运作模式如图 3.2 所示。

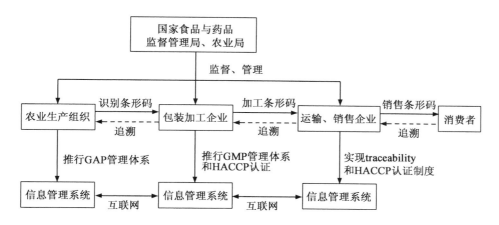

图 3.2　美国农产品可追溯体系的运作模式

2. 加拿大

食品追溯方面,加拿大政府通过食品安全法案要求厂方设立更完善的食品追踪机制,并通过法规给予加拿大食品检验局(Canadian Food Inspection Agency,CFIA)获取食品生产厂家可追溯系统的权限。CFIA负责制定具体的追溯相关法规,通过包装和标签法案、食品安全法案中的记录要求实现对产品的追溯。

家畜追溯方面,CFIA负责制定追溯相关法规,《动物健康法规》(Health of Animals Regulations)规定了家畜的强制性认证和标记。加拿大家畜认证机构(Canadian Cattle Identification Agency , CCIA)为CFIA授权的国家行政机构,负责颁发和管理经审批的射频码(RFID),监控 ID 数据库(Canadian Livestock Tracking System , CLTS)。CFIA就系统的管理对 CCIA 进行监督审核。省级政府在各区域的产品追溯中发挥作用,如支持奶牛追溯系统的执行,负责管理和维护辖区内的经营场所标识符(premises identifiers)。对家畜追溯的运作模式如图 3.3所示。

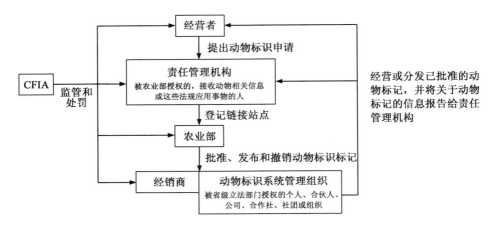

图 3.3   加拿大家畜可追溯的运作模式

(对畜禽的追溯来源于 National Agri-food Traceability System，NAFTS)

(三)澳大利亚和新西兰

《1991 澳新食品标准法案》(Food Standards Australia New Zealand Act 1991，FSANZ 法 1991)是目前澳大利亚和新西兰规范食品标准和管理的主要法律之一,该法案在 2007 年进行了一次修订。在 FSANZ 法的框架下,1996 年澳大利亚和新西兰之间达成协议,建立了联合食品标准系统,即《澳新食品标准法典》(Australia New Zealand Food Standards Code)。该法同时还规定了由澳新食品标准局(Food Standards Australia New Zealand，FSANZ)负责制定与维护澳大利亚、新西兰食品标准与法规。

澳新食品标准法典制定了对初级产品、加工食品、食品原料、添加剂、维生素和矿物质、加工助剂等产品的食品安全卫生要求,包括一般(基础)食品标准、食品产品标准、食品安全标准、初级生产标准 4 章内容。该法典规范了两个国家的食品安全法规的整体要求,而澳大利亚的各州各领地政府、新西兰政府(主要是初级产业部)是通过自己的地方法律来实施和执行此法典的要求。

澳新食品标准法典第 4 章初级生产标准对海产品、禽肉、畜肉制品、乳制品、蛋及蛋制品、芽菜的可追溯性进行了相应的规定,初级生产标准仅适用于澳大利亚。而新西兰对可追溯性的整体法律要求还在探讨之中。

另外,在澳大利亚和新西兰都有针对动物的强制执行的国家追溯体系。澳大利亚是采用国家家畜识别系统(NLIS)强制对牛、绵羊和山羊进行追溯,而新西兰是采用国家动物识别和追溯系统(NAIT)强制对牛和鹿进行追溯。

(四)日本

日本各政府部门承担食品科学管理的不同职能,内阁府食品安全委员会负责风险评估,农林水产省、厚生劳动省和消费者厅在不同环节参与风险管理。负责产品追溯的监管部门主要是农林水产省和厚生劳动省,其中农林水产省主要负责生鲜农产品及其粗加工产品的生产和加工阶段,厚生劳动省负责深加工食品的加工和流通环节以及食品的进口。

1950 年颁布并经过历年修订的《农林物质标准化及质量标志管理法》(JAS 法)明确建立了农产品标识制度,并在此基础上推行农产品追溯系统。2003 年颁布的《食品安全基本法》确立了基于科学风险评估的食品可追溯性原则。2003 年 4 月,农林水产省公布了《食品可追溯指南》(以下简称《指南》),后又经过 2007 年和 2010 年 2 次修订和完善。该《指南》规定了不同产品的可追溯系统的基本要求以及农产品生产和食品加工、流通企业建立食品可追溯系统应当注意的事项,用于指导食品生产经营企业建立食品可追溯制度。之后,农林水产省还根据《指南》制定了不同产品,如蔬菜、水果、鸡蛋、贝类、养殖鱼、海苔、鸡肉、猪肉等的可追溯系统以及生产、加工、流通不同阶段的操作指南。目前,依据 2003 年颁布的《牛肉可追溯法》和 2009 年颁布的《关于米谷等交易信息的记录及产地信息传递的法律》(又称《大米可追溯法》),日本对牛肉、大米及其加工品强制性实施追溯制度。对于其他产品如蔬菜、水果、水产品、牛肉以外的畜禽产品、大米以外的粮油产品等,食品生产经营者可自主建立食品追溯体系。

目前,在日本推动农产品物流追溯体系建设过程中,除政府强制实行外,一些行业协会自主建立了农产品可追溯系统,其中,尤以日本农业协作组织(简称日本农协)对通过该协会统一组织上市的肉类、蔬菜等推行的"全农放心系统"最具代表性。日本农产品物流追溯体系的运作模式见图 3.4。

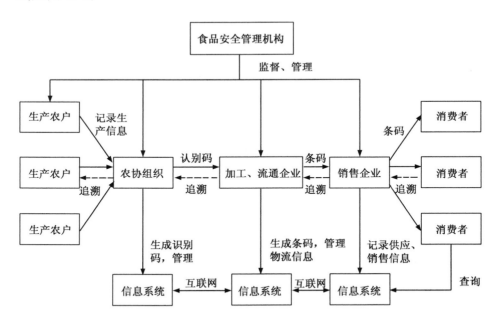

图 3.4　日本农产品可追溯体系的运作模式

（五）中国

我国负责食品安全监管的主要机构有食品药品监督管理部门、卫生行政部门和质量监督部门,实行中央政府及其部委、省级人民政府及其部门、市级人民政府及其部门、县级人民政府及其部门的4级行政管理体制。其中,食品药品监督管理部门负责制定食品安全追溯体系的相关法规。

我国法律法规体系大体可以分为5级,即法律、法规、行政规章、地方法规、地方规章(表3.1)。2015年颁布的《中华人民共和国食品安全法》明确了国家建立食品安全全程追溯制度,食品生产经营者应当建立食品安全追溯体系以保证食品可追溯。根据《中华人民共和国食品安全法》,食品药品监督管理总局发布了《关于食品生产经营企业建立食品安全追溯体系的若干规定》,并针对某些风险较高领域,如婴幼儿配方乳粉生产企业、食用植物油生产企业、白酒生产企业发布了关于建立食品安全追溯体系的指导意见。上海市人民政府发布了《上海市食品安全信息追溯管理办法》。

表 3.1　中国法律体系层级

层级	发布单位	常见形式	适用范围	强制力
法律	全国人大及其常委会	法	全国	强制
法规	国务院	条例等	全国	强制
行政规章	国务院组成部门及直属机构	规定、办法等	全国	强制/推荐
地方法规	地方人大	××省条例等	地方	地方强制
地方规章	地方政府	××省规定、办法等	地方	强制/推荐

我国的标准体系可分为4级,即国家标准、行业标准、地方标准、企业标准。截至2017年6月,共发布涉及可追溯的国标、行标、地标等71项。其中,国家标准10项,强制性的国标1项,为《GB 14881—2013食品安全国家标准　食品生产通用卫生规范》。行业标准24项,包括《SB/T

10680—2012 肉类蔬菜流通追溯体系编码规则》《NY/T 1761—2009 农产品质量安全追溯操作规程 通则》等,发布单位主要为商务部、农业部,除农产品、食品综合性标准外,还涉及蔬菜、水果、肉类、酒类、糖果巧克力、茶叶、小麦粉、食用菌等重点品类。地方标准 27 项,安徽等地发布的较多。从数量上看,我国发布的标准不少;从实际的追溯能力看,多数的中小型企业还处于起步阶段。数量众多的行业标准和地方标准是否满足科学性、先进性、适应性要求,为何在食品行业没有得到很好采用?其中的原因本报告没有进行研究。

(六)小结

各国、地区食品安全追溯监管模式小结如下。

(1)政府发挥重要作用。在欧盟、美国、加拿大、澳大利亚、新西兰和日本,政府都是通过法令和市场准入的形式在部分农产品中强制推行可追溯体系。在推行过程中,通过出台相应生产规范、操作指南、可追溯指南等办法,对农产品的养殖、种植、生产、加工和销售阶段进行规范,并引导其他农产品经营者自愿建立可追溯体系。

(2)对部分品类、部分企业、部分地区先行试点,建立追溯体系,再逐步推广。欧盟、美国、加拿大、澳大利亚、新西兰和日本的追溯体系都是先从牛肉、从大型企业开始实施,然后向其他肉类、水产品、乳制品、蛋及蛋制品、芽菜、大米等品类推进。

(3)制定全国统一的建立可追溯体系的指导规范或标准。欧盟、美国、加拿大、澳大利亚、新西兰和日本在建立追溯体系的过程中,都对整条食品链的关键环节如生产、加工、销售等采用良好生产操作规范、良好农业操作规范、良好卫生操作规范等标准进行规范,并对追溯信息内容做出了指导,使得各个企业在建立追溯体系过程中,都能遵循全国统一的规范或标准,追溯体系才能迅速建立并推广。

二、法规具体的要求

（一）欧盟

欧盟食品安全追溯法规/标准名称及具体内容见表 3.2。

表 3.2 欧盟食品安全追溯法规/标准名称及内容

法规或重要标准名称	条目编号	具 体 内 容
欧委会（EC）No. 1760/2000 法规，建立牛类动物的鉴定和登记体系，并重视牛肉和牛肉制品的标签	前言	该法规又称新牛肉法规，替代（EC）No. 820/97 法规。欧盟委员会承认新牛肉法规重新唤须获得消费者对牛肉制品的信心，对在供应链中的牛肉制品快速追溯抱有期望。因此，以欧盟委员会的建议为基础，欧盟议会和理事会已经适应（EC）No. 1760/2000 牛肉标签强制标注的法规。这项法规从 2001 年 1 月起在所有欧盟成员国中生效。法规要求自 2002 年 1 月 1 日起所有在欧盟国家上市销售的牛肉产品必须具备可追溯性，在牛肉产品的标签上必须标明牛的出生地、饲养地、屠宰场和加工厂，否则不允许上市销售

续表3.2

法规或重要标准名称	条目编号	具 体 内 容
	条款 1	该法规的目的是保证牛胴体,1/4牛体或牛肉块的标识,与一个单独的活牛,或一批活牛来源之间的连接。牛肉标签必须包含以下6个方面的人工可识读信息:①连接牛肉与牛的一个参考代码;②牛的出生国;③牛的饲养国;④牛的屠宰国;⑤牛体的分割国;⑥屠宰场和分割厂的批准号码
	条款 3	牛肉追溯需要一个在供应链中包装,运输或贮藏的任何结点标识动物牛,胴体和切割体的可考证的方法。必须采用唯一的标识代码,准确保识别,并确保供应链中加工的每个节点的连接。在欧盟中,动物牛的标识与注册系统由下列元素组成:①标识单个牛的耳标;②计算机处理的数据库;③牛的护照;④农场保留的个体注册的信息;一个动物牛的历史文档保留的护照包含在注册内或数据库中。区分法律需求,实施跟踪与追溯必要的技术需求和相关的系统非常重要

续表 3.2

法规或重要标准名称	条目编号	具体内容
	条款 13:总体要求	屠宰 当活体动物到达屠宰场时,需要下列文件:动物护照或健康证明,以及具有合法参考号码的标识单个动物的耳标。 屠宰场必须记录下列信息:确保牛肉与牛连接的一个参考代码,屠宰场的批准号码,出生国,饲养国和屠宰国。此外,在屠宰前,要求具有合法的动物护照或健康证。 强制性的标签法规确保牛胴体,1/4 牛体或牛肉块的标识,与一个单独的动物牛,或与一批动物牛之间通过标签提供的准确信息进行连接。 如果动物牛的出生,成长与屠宰都在相同的国家,标签上的这些信息由统一 AI 426 标识。 分割 在牛体分割处理过程中要满足牛肉标签法规的需要,并能记录这些信息。每个分割厂必须记录下列信息:确保牛肉与牛连接的一个参考代码,屠宰场的批准号码,分割厂批准号码,出生国,饲养国和分割国。

续表 3.2

法规或重要标准名称	条目编号	具体内容
		销售 牛肉的最后一个分割厂应按照法规的要求和商业需求将所有与牛、牛胴体以及处理加工的相关信息传递给供应链中的下一个操作环节，可能是批发、冷藏或直接零售。 对有包装的牛肉产品零售标签必须有人工可识读信息，或以其他方式提供非包装牛肉制品的相关信息作出规定，所以最终消费者必须被告知牛肉产品的来源。零售标签必须包含下列人工可识读信息：确保牛肉与牛连接的一个参考代码，出生国，饲养国，屠宰国的批准号码，分割厂的批准号码，屠宰国和分割国。 贸易方应与国家的权威部门联系，建立在 POS 销售点对非预包装牛肉产品标签的需求

续表 3.2

法规或重要标准名称	条目编号	责任	具体内容
《(EC) No. 178/2002 食品基本法》制定食品法基本原则和要求，建立欧盟食品安全局和制定食品安全事件程序	第 17 款：责任		食品和饲料经营者在其控制下的生产、加工和分销的各个阶段，应确保食品或饲料满足与他们的活动有关的食品法的要求，并应确认这些要求得到满足。
			成员国应执行食品法，并监控和确认食品法的有关要求是由食品和饲料经营者在生产、加工和分销的各个阶段完成的。为了这个目的，在适当的情况下他们应保持适当的官方控制和其他活动的系统，包括对食品和饲料安全和饲料安全风险公众交流、能涵盖生产、加工和分销的各个阶段的食品和饲料安全监测和其他监控活动。
			成员国应制定措施，适用于食品和饲料的违法行为的管理和处罚规定。这些措施和处罚应当有效、适度和劝阻性的

续表3.2

法规或重要标准名称	条目编号	具体内容
	第18款：可追溯	在生产、加工和分销的各个阶段，对食品、饲料、产肉动物和其他任何物质或预期要用于或预期引入食品或饲料中，应建立其可追溯性。 食品和饲料经营者应当能够识别所有供应者；这些供应者的食品、饲料、产肉动物和其他任何物质要用于或预期引入食品或饲料中。为此，生产经营者应有本地系统和程序，在主管当局需求时能查询到有效信息。 食品和饲料生产经营者应有本地系统和程序，以识别他们的产品已提供给其他的业务商。在主管当局需求时能查询到有效信息。 投放或很可能要投放社区市场的食品或饲料，应标识充分或确定其方便可追溯，根据相关具体条款要求，相关文件或标识信息合规。 根据第58(2)条规定的程序，适用本条有关特定行业的要求的条文，可采用

续表 3.2

法规或重要标准名称	条目编号	具体内容
《食品基本法(EC) No.178/2002 实施指南》	常设委员会关于食品链和动物健康的讨论	基本法的协调性实施指南(非正式法规),在欧盟(EC) No.178/2002 第11、第12,第16,第17,第18,第19,第20 项条款,针对此法规的基础上。提出具体要求
	第18款 对可追溯性要求范围的规定	确定了覆盖的产品(所有的食品和饲料,但不包括种子、兽药产品、植物保护剂、肥料,食品包材等有特殊法规要求的,也不在此范围),所覆盖的食品生产经营者(包括在食品的各个阶段的链条,从初级生产如粮食生产,动物收获,到食品/饲料处理分配。也包括慈善机构,以及适用于第三方国家出口商(与第11款关联)的范围
	第18款 对实施可追溯性要求的规定	首先是食品生产经营者对供应商和客户的识别,食品生产经营者必须对他的供应商建立追溯体系,这包括分销商和餐厅但不包括最终消费者。同时,食品生产经营者也需要建立内部可追溯性。一个内部可追溯系统将为食品生产经营者做更多的贡献,有助于产品有针对性的和准确的下架。食品经营者将节省成本,撤回的时间和避免不必要的更广泛的破坏。在不影响更详细的规则的原则下,监管部门不强迫追溯性的传入和传出之间建立一个链接(所谓的内部可追溯性)。产品不需要通过追溯记录等方法做重新标记。总之,鼓励食品经营者发展系统内部可追溯性,包括食物处理,储存,分配等。关于内部可追溯性的细节,食品生产经营者可根据食品业务的规模环境等自行决定

续表 3.2

法规或重要标准名称	条目编号	具 体 内 容
	第 18 款 关于特定法律中可追溯体系的规定	除了特定的某些部门/产品建立食品安全可追溯性规则有法律要求外,其他的产品均需符合第 18 条的要求。这些具体规定,制定某些产品的市场营销和质量标准。有一套公平贸易的目的,并包含有关产品鉴定的规定。 除了特定的立法建立某些部门/产品食品安全可追溯性规则(也应符合食品基本法第 18 款原则),有一套具体的规定,制定某些产品营销和质量标准。这些追溯性规定需要进行详细的分析,是否满足第 18 款规定
	第 18 款 对需要保存的信息类型的规定	为满足产品的可追溯,下面的第一类信息是必需的:①供应商名称、地址和来自供应商的产品;②客户的名称、地址和交付给客户的产品;③供货/交付日期。 其他的第二类信息是强烈推荐保存的:①体积或数量;②批量编号(如果有);③更详细的产品描述(预包装或散装产品,水果/蔬菜的品类、原料加工产品)。 追溯信息必须根据食品业务活动(性质和业务规模)和可追溯系统的特点。过去的食品危机已经表明,跟踪一个产品的商业流动,按照产品的物理流程,通过发票在一个公司的水平是不够的。因此,每一个食品/饲料经营者的可追溯系统是必不可少的,设计遵循产品的物理流程:使用支付票据(或注册生产单位的地址)将确保产品有效的可追溯性

续表 3.2

法规或重要标准名称	条目编号	具体内容
	第 18 款　对可追溯有效数据反馈时间的规定	第 18 条要求食品和饲料经营者有到位的系统和程序确保其产品的可追溯性。要求提供所需的信息追溯，以满足目标追溯系统。最关键的一点是有一个良好的可追溯性的机制，需要提供准确的信息。信息传递的延迟将在危机的情况下破坏及时的反应。最简单的信息属于第一类，属于第二类的信息，应尽快上定义的第一类，应立即提供给主管当局；属于第二类的信息，应尽快提供
	第 18 款　对记录保存期限的规定	没有指定保质期的产品，记录保存期限一般为 5 年；对于 5 年以上的保质期的产品，记录保存期应为质保期加 6 个月；对高度易腐烂的产品，如果使用期是 3 个月内的或设没规定后的 6 个月；最后应注意除了第 18 款可追溯性条款规定外，一些食品企业的记录（要保存的信息类别和时间）也要遵守更具体的要求
《(EC) No. 1830/2003 转基因食品和转基因饲料产品的可追溯性和标签法规》	范围	关于转基因生物的可追溯性和标签及转基因生物的食品的可追溯性，给出了转基因食品追溯的定义，确保可追溯、转基因食品的唯一标识等的要求

续表3.2

法规或重要标准名称	条目编号	具体内容
什么是可追溯		欧盟议会2001/18/EC指令对投放外部的转基因生物，要求成员国采取措施确保授权转基因生物在投放市场的各个阶段的可追溯和标签。国家之间对转基因产品中转基因追溯和标签，以及转基因生物加工的食品或饲料的可追溯，存在法规和行政条例创造差异，这可能会妨碍它们的自由流动和为不平等及不公平竞争创造条件。协调社区框架的可追溯性和标签的转基因生物应该有助于内部市场的有效运作。2001/18/EC指令因此应相应修改。
		在对人类健康、动物健康或环境包括生态系统出现确定的不可预见的不利影响、转基因产品的可追溯性要求推动了撤回产品，以及针对监测研究的潜在影响，特别是环境。可追溯性根据预防原则，也促进了风险管理措施的实施。
		转基因生物加工的食品和饲料产品应建立可追溯性，与（EC）No.1829/2003对转基因食品和饲料的规定相一致，以确保准确的信息提供给生产经营者和消费者，以使他们能够行使自己的自由选择权，也确保可整性和标签生成确认。来自转基因生物的食品和饲料也应这样规定，能避免在终端使用有变化时出现信息不连续性

续表 3.2

法规或重要标准名称	条目编号	具 体 内 容
《(EU) No. 404/2011 针对欧盟鱼类法规 (EU) No. 1224/2009 的实施条例》	法规第 58 条	提供了一个贯穿于全供应链的可追溯体系，以建立一个全面的贯穿于供应链的控制制度，以确保遵守共同渔业政策的规则
《(EU) No. 404/2011 关于渔业法规 (EU) No. 1224/2009 修订的建议》		提到有义务使用电子监控设置和可追溯性工具（如遗传分析）来应对条例，各成员国可以在 2013 年 6 月 1 日之前开展追溯工具（如遗传分析）的相关试点
《(EU) No. 208/2013 豆芽和用于生产豆芽的种子可追溯实施条例》	范围	用于生产豆芽的豆芽和种子的可追溯性要求；规定了确保豆芽追溯所需要的追溯信息，并提出食品追溯信息应该容易检索到

续表 3.2

法规或重要标准名称	条目编号	具体内容
	第 3 款：可追溯要求	食品经营者，在生产加工和配送的各个阶段，应确保下列有关用于生产豆芽的种子，或有批号的豆芽保持在记录上。食品经营者还应确保符合以下这些规定的信息被发送到种子或豆芽供应经营者。 ①信息记录形式不要求，但生产经营者很容易检索到； ②食品生产者必须每天传递第 1 款所指的有关信息。第 1 款所指的记录应保存足够的时间； ③食品经营者应根据要求向主管机关提供第 1 款所指的信息，不应当有延迟
爱尔兰食品安全局《产品召回和追溯指南》		规定了食品经营者在食品可追溯性中的责任及发展食品可追溯系统的关键步骤。 (1)食品经营者在食品可追溯性中的责任。 (2)主管机关的职责。 (3)建立一个食品可追溯系统。 (4)发展食品可追溯系统的关键步骤 步骤 1. 可追溯系统的范围 步骤 2. 最佳批次的大小

续表 3.2

法规或重要标准名称	条目编号	具 体 内 容
		在操作中,可追溯系统的目的是跟踪一批食品中使用的成分并通过食品业务跟踪,如果有问题立即通知直接客户。食品运营商应该意识到:虽然更大的批次可以简化可追溯系统,大批量可追溯意味着更多的食物将被召回或撤回。如果另一个食物事件发生不安全事件,除非证明另有同一类别或描述的批次,批号或托运的食品,应推定所有的食物在那个托运批次,批号或托运的食品,除非有一个细的评估,有证据表明其余的批次,批号或托运的食品是安全的
		批量生产食品的制造商可能只能定义一个产品批次加一个产品批次或可能在定义的日期内的多个混合交付方面定义一个配料批次。然而,其他制造商或将采取这两个又一批作为一个小的产品包装批次。大多数数据操作之间的平衡可以定法。可追溯系统的复杂性和可操作性之间的平衡必须达成最小可行批量。这是一个基于食品经营者的商业决策、个人风险管理方法。批量规模越大,财务风险越大,对企业声誉损害和可能的诉讼暴露更大。
		步骤 3. 追溯信息
		步骤 4. 记录保存和检索
		步骤 5. 回顾和验证可追溯系统
		步骤 6. 记录食品可追溯系统

(二)美国和加拿大

1. 美国

美国食品安全追溯法规/标准名称及具体内容见表 3.3。

表 3.3 美国食品安全追溯法规/标准名称及内容

法规或重要标准名称	条目编号	具体内容
《生物反恐法案》(2002 年)	概括总结	首次提出"实行从农场到餐桌"的风险管理,要求企业建立产品可追溯制度。明确提出了文档记录及时文档暴发时判定污染源,以协助在食品源性疾病暴发时判定污染性。这代表 FDA 对建立其下监管的食品可追溯系统有了实质性的突破。美国的食品生产者、加工者、包装、运输、分销、收货和进口食物的相关双方均有存档记录,以识别食物来源及食物的接收者
	第 3 章 确保食品和药物供应的安全保障 第 306 条:记录的维护与检查	(1) 记录监管:如果部长有充分的理由认为食品掺假造成了严重不利于健康或死致的问题,那么,除农场主和餐厅业主以外的,在美国从事食品生产、加工、包装、运输、销售、接收、保存或进口的人员需在指定的时间内向官方提供相关记录,协助事件和问题的判断。对记录建立与保存的法规。(2) 记录保存:部长应协调相关部门,制定记录建立与保存(纸质或电子)和记录的地点没有要求。(3) 敏感信息的保护

续表3.3

法规或重要标准名称	条目编号	具体内容
21CFRPart 11 记录建立与保存制度（生物反恐法案的补充规定，2004年）	概括总结	在美国生产、加工、包装、运输、销售、接收、保存的人员建立和保存记录。根据法规，必须保存进口食品中可能存在的不利于人类健康或确实导致动物死亡的威胁食品的人员建立和保存记录。根据法规，必须保存进口食品是指 FDA 在对食品进行检验时，为确定食品的上一级直接来源以及随后的保存期为 6 个月所需的记录。根据法规定食品的货架期，人类食品记录保存期为 1 年。所有类型食品的运输者的最长记录保存期为 1 年。记录必须保存于记录所至 2 年不等；动物食品，包括宠物食品的记录保存期 1 年。记载活动的发生场所或保存场所相对容易获取的地点。为减轻本最终法规给有关人员带来的负担，所需信息可以书面或电子任何一种形式保存。本法规涵盖的所有食品企业必须自本最终法规于联邦纪事公布之日起（2004 年 12 月 9 日）的 12 个月内遵守该法规。小型企业（微型企业（相当于 11～499 名全职雇员）必须自该日起 18 个月内遵守。当（10 名或不足 10 名全职雇员）必须自该日起 24 个月内遵守。当 FDA 认为，一种食品被掺杂且构成不利于人类健康或可能导致人类或动物死亡的威胁时，FDA 获得的任何记录及其他信息都必须在收到正式请求后的 24 小时内尽快提供

续表 3.3

法规或重要标准名称	条目编号	具体内容
	1.337 节：收货信息记录	食品生产经营者（运输商除外）收货时，需记录以下信息。 ①食品上一级供应商的公司名称、地址、联系方式（如传真号码、电子邮箱） ②食品的品牌、种类 ③接收日期 ④生产者、加工者、包装者、批号 ⑤食品的数量与包装规格 ⑥运输商的公司名称、地址、联系方式（如传真号码、电子邮箱）
	1.345 节：发货信息记录	食品生产经营者（运输商除外）发货时，需记录以下信息。 ①食品下一级接收者的公司名称、地址、联系方式（如传真号码、电子邮箱） ②食品的品牌、种类 ③发货日期 ④生产者、加工者、包装者、批号 ⑤食品的数量与包装规格 ⑥运输商的公司名称、地址、联系方式（如传真号码、电子邮箱） 此外，记录需包含用于生产每批成品的原料来源信息

续表3.3

法规或重要标准名称	条目编号	具体内容
	1.345 节:运输信息记录	运输商需建立和保存以下记录。上一级发货者和下一级收货者 ①出发地和目的地 ②运输商的收货时间和发货时间 ③运输的收货时间和发货时间 ④数量 ⑤货物描述 ⑥运输路线 ⑦中转站
	1.360 节:记录保存要求	根据食品的货架期,人类食品记录的记录保存期为1年。动物食品包括宠物食品的记录保存期为1年。所有类型食品记录所记载活动的发生场所或必须保存于相对容易获取的地点,所需信息可以书面或电子任何一种形式保存的最长记录保存期为1年等;动物食品的运输者记录的保存期为6个月至2年不等

续表 3.3

法规或重要标准名称	条目编号	具体内容
《食品安全现代化法案》(2011年)	概括总结	食品企业应建立生产档案和追溯制度，预防食品安全事件的发生；一旦出现质量安全事件，法案授予FDA更多产品强制召回权力。法案同时要求FDA确定高风险食品，并对高风险食品规定记录保存的要求，来帮助企业进行追溯。法案要求FDA协同美国农业部、州政府，与企业合作，进行追溯试点项目。试点项目针对加工美国食品追溯以及生鲜果蔬加工或是分销追溯来开展。通过追溯试点项目，FDA向国会递交追溯试点项目的成果并就如何提高产品追溯提出建设性意见，供国会审议。FSMA也充分保护食品企业的权利（包括包含运输信息的配方信息，财务数据、价格数据、人事数据、调研数据，不包含运输信息的销售数据等）受到FSMA保护
	第204节：加强食品跟踪和追溯以及记录保存	(1)试点项目 ①总则：在本法颁布后9个月之内，卫生与人类服务部的部长、卫生与人类服务部部长以及州农业部部长（在本节中简称为"部长"）应当在考虑本节代表的建议后，与食品行业协同制定试点项目，以探索和评估快速、有效识别食品接收者的方法、预防或减轻突发食源性疾病，并解决《联邦食品、药品和化妆品法》第402节中掺假，或该法第403节中标签错误的食品，药品造成的严重不利于健康或造成死亡后果

续表 3.3

法规或重要标准名称	条目编号	具 体 内 容
		②内容：部长应当与加工食品业协调实施第①款下的一项或多项试点项目，并与水果和蔬菜等天然农产品的加工商或分销商协调实施一项或多项试点项目。部长应当确保第①款下的试点项目反映食品供应的多样性，并包含至少3种不同食品，这些食品在本法颁布之日前5年已经成为重大突发疾病的对象，且选择这些食品的目的如下。 （A）开发和演示和追溯食品的方法，且开发和展示对包括小型企业在内的各种规模的设施都可行； （B）开发和演示加强食品跟踪和追溯的适当技术，包括本法颁布之日已有的技术 （2）其他数据采集 （3）产品追溯系统 部长应当在与农业部部长磋商后，根据需要在食品和药物管理局内部设立一个产品追溯系统，以接收进口到美国境内的食品的信息。在设立此产品追溯系统之前，部长应当检查适用试点项目结果，确保这些系统的活动得到试点项目结果的充分支持

续表 3.3

法规或重要标准名称	条目编号	具体内容
		（4）高风险食品的其他记录保存要求
		①总则：为了快速、有效地识别食品接收人，以预防或减轻突发食源性疾病，并解决《联邦食品，药品和化妆品法》（21 U.S.C.342）第 402 节下掺假，或该法第 403 节中标签错误食品造成的严重不利于健康或致死问题，部长应当发布建议的规则制定通知，以确定保存要求。对于指定为高风险食品，部长应当为这些要求所需的时间。
		②高风险食品的指定 一个合理的生效日期，考虑食品的其他要求设定
		③敏感信息的保护
		④公众信息
		⑤数据保留：除非本小节另有规定，部长可以要求机构在 2 年内保留本小节下的记录，确定合理的时限时，考虑适用食品的损坏风险，价值损失或者可口性损失。
		⑥豁免 （A）农户与校园协作计划 （B）识别与农场生产和包装的食品等农场销售有关的保鲜标签

续表 3.3

法规或重要标准名称	条目编号	具　体　内　容
		(C) 渔船
		(D) 混合的未加工农产品
		(E) 其他食品的豁免——如果部长认为不实施食品或者设施类型的产品追溯要求，也能保护公共卫生，可以在《联邦公报》中通知修改本小节下与此食品或者设施类型有关的要求，或者豁免食品或者设施类型遵守本小节下的要求，而非第 (F) 子款下的要求 (若适用)
		(F) 与之前的来源以及后续接收者有关的记录保存
		(G) 食品杂货店——对于第 (H) 子款下所述的食品对食品杂货店的销售，部长不得要求杂货店保存本小节下的记录，以文件形式作为食品来源的农场的记录除外。部长不得要求此类数据的保存时间超过 180 天
		(H) 农场到消费者的销售——如果食品从农场直接销售给消费者，部长不得要求农场保存本小节下与第 (I) 子款所述之食品的销售有关的配送记录，包括此农场生产和包装食品的销售
		(I) 食品销售

续表3.3

法规或重要标准名称	条目编号	具 体 内 容
《牲畜跨州移动追溯法规》（2013年）	概括总结	建立对跨州移动牲畜进行追溯的最简化官方标识和文档要求。除特别豁免外，牛、禽、马、羊等牲畜，在跨州移动时需进行官方标识并附有州际兽医检验证书及相关文档。详细规定了每种牲畜官方认可的标识方式，同时允许某些其他形式的标识
	9 CFR 86.3：记录保存要求	跨州移动记录保存要求：获得批准的牲畜工厂需保存跨州兽医检验证书及相关文档。对于禽、猪，文档保存时间不少于2年，对于牛、羊、鹿、马，文档保存时间不少于5年
	9 CFR 86.4：官方标识	①标识设备方法；②跨州移动标识要求；③耳标
	9 CFR 86.5：牲畜跨州移动文档要求	（1）跨州移动的牲畜需随附州颁国际兽医检验证书及本法规规定的相关文档。 （2）发布兽医检验证书的农业部动物卫生检查局代表和兽医需在7日内向牲畜发出地监管部门提供检验证书副本。牲畜发出地动物监管部门需在7日内向牲畜运达地监管部门提供检验证书副本。 （3）动物健康监管部门或兽医应保留发出或接收的检验证书或文档。对于禽、猪，文档保存期不少于2年；对于牛、羊、鹿、马，文档保存期不少于5年

2. 加拿大

加拿大食品安全追溯法规/标准名称及内容如表 3.4 所示。

表 3.4 加拿大食品安全追溯法规/标准名称及内容

法规或重要标准名称	条目编号	具 体 内 容
《农产品法令》(1985)	概括总结	就如何监督在联邦登记注册的企业生产农业产品（例如奶品、加工品）规定了基本原则，并制定了促进省级贸易和外贸进出口食品的安全和质量的标准
消费者包装和标签法案(1985)	概括总结	加工食品的追溯通过验证包装和标签与该法规的要求是否一致来实现
《动物健康条例》(2013 年)	概括总结	规定了家畜的认证、标记和记录
	91.3：总则——记录	除特殊规定外，本法规规定的各项记录需留存 2 年并于需要时向监管部门提供
	151. 动物运输——记录	包括火车、汽车、航空在内的所有运输公司需记录运输信息，包括发货者及收货者的名称及联系方式；所运牲畜或其他动物的名称、类型、毛重；运输工具信息；发货及发送达时间；运输者及其地址；运输工具最近一次清洁消毒的时间

续表 3.4

法规或重要标准名称	条目编号	具 体 内 容
	172. 动物标识要求	除其特殊规定外,所有牛、羊、猪需按要求进行标识
	175. 记录保存和报告要求	以羊为例,其发货方需记录其标识号、发货日期、原因、接收方名称和地址;其接收方需记录其标识号、接收日期、发货方名称和地址。以上记录需留存不少于 5 年
	概括总结	法案要求厂方设立更完善的食品追踪机制,并通过法规给予 CFIA 获取食品生产厂家追溯系统的权限
加拿大食品安全法案(2012 年)	51. 法规	应强化食品追溯能力,并制定相关的配套法规,要求生产经营者建立追溯体系以保证销售食品可识别,上游下游可追溯,以上信息可传递

（三）澳大利亚和新西兰

澳新食品安全追溯法规/标准名称及具体内容见表 3.5。

表 3.5　澳新食品安全追溯法规/标准名称及内容

法规或重要标准名称	条目编号	具体内容
《食品标准条例》（2016 年） 标准 1.2.2：信息要求——食品识别		1.2.2-1 名称 1.2.2-2 食品名称 1.2.2-3 批号 1.2.2-4 供应商名称地址
标准 3.2.2：食品安全规范及通用要求	5. 食品接收	（1）为了满足监管人员调查时的合理要求，食品企业应提供位于食品生产经营场所的食品的下列信息。 ①销售商，生产商或者包装商的名称及其在澳大利亚的营业地址。如果是进口食品，则为进口商的名称及其在澳大利亚的营业地址； ②食品的规定名称，如果没有规定名称，则为足以反映食品真实性质的名称或描述

续表3.5

法规或重要标准名称	条目编号	具体内容
《食品标准条例》第4章"初级生产加工标准"包含了对以下特定初级产品的追溯能力要求：海产品（标准4.2.1）、肉类（标准4.2.4）、乳制品（标准4.2.2）、蛋类和蛋制品（标准4.2.5）、种芽（标准4.2.6）。这些标准只适用于澳大利亚。以下仅列出海产品和乳制品为例。	12. 食品召回	从事食品批发、制造或者进口的食品企业应当做到以下几点。①建立制度以确保其能够召回不安全的食品②以书面文件的方式规定该制度并且监管人员要求时能及时提供③召回不安全食品时执行这一制度
标准4.2.1：初级产品及其加工标准——海产品	11. 海产品追溯	为保证海产品的安全，从事海产品的企业必须保留足够的书面记录明确海产品的直接供应者和直接接收者
标准4.2.4：初级产品及其加工标准——乳制品	第2部乳品初级生产总体要求 5. 追溯	作为第3章规定的书面食品安全制度的组成部分，乳制品初级生产企业应当具备体系能够追溯以下方面：①投入品（投入品，水及化学品，包括农用兽用化学品）及初级乳生产有关的饲料，水及化学品；②产出乳动物；③产出的乳

（四）日本

日本食品安全追溯法规/标准名称及具体内容见表3.6。

表3.6 日本食品安全追溯法规/标准名称及内容

法规或重要标准名称	条目编号	具体内容
《日本食品卫生法》（1948年制定，2003年修订）	第3条 第2、第3款	（2003年修订时增加以下内容）食品等从业者为防止发生因销售食品等而引起的食品卫生方面的危害而应采取的必要措施的最低限度为：该食品相关的名称及其他信息，并将其保存。食品等从业者为了防止发生因销售食品而引起的食品卫生方面的危害，必须确实且迅速地采取向国家、都道府县等提供前项中规定的记录、废弃在食品卫生上有危害的销售食品等必要措施
	第7条	厚生劳动大臣有权对一般食品中提供不了的物质（与从动植物中直接提取等不相同方法开发出的没有使用过的新型原料），没有确凿证据表明它对人的健康没有危害，或该物质被直接销售的时候，为了防止食品卫生危害的发生，听取药事·食品卫生审议会的意见，禁止该物质作为食品销售

63

续表 3.6

法规或重要标准名称	条目编号	具 体 内 容
	第 11 条	厚生劳动大臣从公众卫生的角度出发，听取药事·食品卫生审议会的意见，可以对供销售用的食品或添加物的制造、加工、使用、烹调或保存的方法制定标准，或者用于销售的食品的成分或添加物的成分规格作出规定。对于根据前项规定，规定了标识的标准的食品、食品添加剂、器具或容器包装，如果没有符合该标准的标识，则不得进行此类产品的销售，不得在销售中陈列或者在营业上使用
	第 12 条	关于食品、食品添加剂、器具或容器包装，不得进行可能引起危及公众卫生的虚假的或夸大的标识或广告
	第 17 条	对销售用或营业上使用的食品、食品添加剂、器具或容器包装、营业设施、账簿书信及其他物件进行检查；或是在试验必要限度下，无偿拿走销售用或营业上使用的食品、食品添加剂、器具或容器包装。相关检查人员进行临时检查或拿走检查或营业上使用的食品，食品添加剂、器具或容器包装时，必须携带证明其身份的证明
	第 20 条	都道府县对于政令规定的、饮食店营业以及其他对公共卫生有明显影响的营业（食用的食用禽类处理事业及有关食用禽类检查的规定及第 2 条第 5 号规定的食用禽类的营业除外）的设施，必须以条例的形式按业种分别制定出符合公众卫生利益的必要的标准

续表 3.6

法规或重要标准名称	条目编号		具体内容
《日本食品安全法》（2006 年 6 月）	第 7 条	第 2 款	除上述规定外，从事食品相关的企业，应依据基本理念，在进行生产经营活动时，应尽力提供与其经营活动有关的食品的正确且恰当的情报
《食品可追溯指南》（2003 年 3 月）			i. 国产牛肉追溯指导手册 ii. 接收、运输及配料来源信息回溯系统指南 iii. 食品服务业食品追溯架构指南 iv. 水果蔬菜食品追溯指导手册 v. 贝类（牡蛎及蛤贝）追溯指南 vi. 蛋类食品追溯指导手册 vii. 养殖鱼类追溯体系指南 viii. 紫菜食品追溯体系指导手册
《农林物质标准化及质量标志管理法》（1950 年 5 月）	第 19 条		在市场上销售的农水产品必须标示 JAS 标识及原产地等信息，标示前需要得到 JAS 标志的认证，包装材料或容器的等级标志拆除或注销后，如果没有得到农林物质的批准，不能在包装材料或容器上使用
	第 23 条		标志的标准上看，应该显示的原产地（原料或材料的原产地等）。虚假的标志标识，销售食品的人会被处以 2 年以下的有期徒刑或者 200 万日元以下的罚金

续表3.6

法规或重要标准名称	条目编号	具体内容
《牛的个体识别情报管理以及传达的相关特别措施法》（2003年6月）	第3条	牛的养殖户需要对牛的出生、进口、转让、接收等情况做记录，包括如下几点。 ①个体识别号码； ②出生或进口的日期； ③雌雄分类； ④母牛的个体识别号码（进口牛除外）； ⑤进口牛，需要进口者（以下简称"进口方"）的姓名或名称及地址； ⑥管理人员的姓名或名称及地址，以及开始管理的日期； ⑦牛的饲养设施（以下简称"饲养设施"）所在地及在此饲养设施里开始饲养的日期； ⑧屠宰，死亡或出口的日期
	第9条	牛的所有者需要以头为单位，对每一头牛做识别的耳标，提供包括出生年月，移动过程以及其他信息。个体识别号码识别困难时，要重新制作配戴个体识别号码的耳标
	第15条	在牛肉的销售环节，应在牛肉或其容器、包装或发票及店铺内，必须标明牛的个体识别号码

续表 3.6

法规或重要标准名称	条目编号	具 体 内 容
	第 17 条	畜产业者、销售企业及提供特定料理的企业、用账本（磁盘形式）必须记录并保存相关特定牛肉的记录，相关业者需要对牛的个体识别号码以及相关事项进行记录
	第 19 条	农林水产大臣对畜产者、销售企业及特定料理提供企业没有相关记录时采取劝告等必要的措施，可以对牛的管理人员、进口方或出口方、检查或责负责人提问，也可以取样检测，但需要支付样品费用
《疯牛病对策措施法》(2002 年 6 月)	第 8 条	禁止使用牛的肉骨粉粉作为原料的饲料，死亡的牛需要备案以及配合相应检查
《关于米谷等交易信息的记录及产地信息传递的法律》(2009 年 11 月)	第 3 条	大米生产者要记录其名称（指定米谷等、其名称及产地）、数量、日期、对方的姓名或名称，进口或出口的地方
	第 4 条	大米在转让的时候，要按照规定在其包装、容器或发票的其他方法，显示该指定的产地
	第 8 条	大米的产地信息，要向消费者公示

（五）中国

中国食品安全追溯法规/标准名称及具体内容见表3.7。

表3.7 中国食品安全追溯法规/标准名称及内容

法规或重要标准名称	条目编号	具 体 内 容
《中华人民共和国农产品质量安全法》（2006年11月）	第24条	农产品生产企业和农民专业合作经济组织应当建立农产品生产记录，如实记载下列事项。 ①使用农业投入品的名称、来源、用法、用量和使用、停用的日期； ②动物疫病、植物病虫草害的发生和防治情况； ③收获、屠宰或者捕捞的日期。 农产品生产记录应当保存2年。禁止伪造农产品生产记录。 鼓励其他农产品生产者建立农产品生产记录
《中华人民共和国食品安全法》（2015年10月）	第42条	国家建立食品安全全程追溯制度。 食品生产经营者应当依照本法的规定，建立食品安全追溯体系，保证食品可追溯。国家鼓励食品生产经营者采用信息化手段采集、留存生产经营信息，建立食品安全追溯体系。 国务院食品药品监督管理部门会同国务院农业行政等有关部门建立食品安全全程追溯协作机制

第三部分　监管现状分析

续表 3.7

法规或重要标准名称	条目编号	具体内容
《食品安全法实施条例》（修订中）		
《食品召回管理办法》（2015 年 9 月）	第 28 条	食品生产经营者应当如实记录停止生产经营、召回和处置不安全食品的名称、商标、规格、生产日期、批次、数量等内容。记录保存期限不得少于 2 年
《加强食品生产经营企业建立食品安全追溯体系的若干规定》（2017 年 3 月）	全文	三、基本原则 食品生产经营企业建立食品安全追溯体系以及食品药品监管部门指导和监督，应当遵循以下基本原则。 一是企业建立。食品生产经营企业是第一责任人，应当作为食品安全追溯体系建设的责任主体，根据相关法律、法规与标准等规定，建立食品安全追溯体系，履行追溯责任。 二是部门指导。食品药品监管部门根据有关法律、法规与标准等规定，指导和监督食品生产经营企业建立食品安全追溯体系。 三是分类实施。食品生产经营企业数量多、工艺差别大、规模水平参差不齐，既要坚持基本原则，也要注重结合食品行业发展实际，分类实施、逐步推进，讲究实效、防止"一刀切"。 四是统筹协调。按照属地管理原则，在地方政府统一领导下，各相关部门做好统筹、协调，推进工作。食品药品监管部门要注重同农业、出入境检验检疫等部门沟通协调，促使食品、食用农产品追溯体系有效衔接

· 69 ·

续表3.7

法规或重要标准名称	条目编号	具体内容
《食品药品监管总局关于白酒生产企业建立质量安全追溯体系的指导意见》（2015年9月）	全文	白酒生产企业通过建立质量安全追溯体系，真实、准确、科学、系统地记录生产销售过程的质量安全信息，实现白酒质量安全顺向可追踪，逆向可溯源，风险可管控，发生质量安全问题时产品可召回，原因可查清、责任可追究，切实落实质量安全主体责任，保障白酒质量安全
《食品药品监管总局关于食用植物油生产企业食品安全追溯体系的指导意见》（2015年12月）	全文	本指导意见适用于食用植物油生产企业建立食品安全追溯体系提供依据。本指导意见中所指的食用植物油是指以菜籽、大豆、花生、葵花籽、棉籽、亚麻籽、油茶籽、玉米胚、红花籽、米糠、芝麻、棕榈果实、橄榄果实（仁）、椰子果实以及其他小品种植物油料（如核桃、杏仁、葡萄籽等）制取的原油（毛油），经过加工制成的食用植物油（含食用调和油）。 本指导意见中所指的记录信息包括原料验收、生产过程、产品检验、产品销售、人员设备等主要内容。生产企业要对物料来源、加工过程和产品去向、数量等信息如实记录，确保记录真实、可靠，所有环节可有效追溯。生产企业可结合实际生产情况增加或调整质量安全需要，适当调整或增加记录内容

续表 3.7

法规或重要标准名称	条目编号	具 体 内 容
《食品药品监管总局关于印发婴幼儿配方乳粉生产企业食品安全追溯信息记录规范的通知》(2015 年 12 月)	全文	婴幼儿配方乳粉生产企业结合实际,真实、准确,有效记录生产经营过程的信息,建立和完善婴幼儿配方乳粉生产企业食品安全追溯体系,实现婴幼儿配方乳粉生产全过程信息可记录、可追溯、可管控、可召回,可查询,全面落实婴幼儿配方乳粉生产企业主体责任,保障婴幼儿配方乳粉质量安全
《农垦农产品质量追溯标识管理办法》(2009 年 5 月)	全文	这 4 个规章是针对"农产品质量追溯标识"使用的规范性文件,如果不使用"农产品质量追溯标识",就不受该文件约束
《农垦农产品质量追溯系统建设项目验收办法》(2011 年 5 月)		
《农垦农产品质量追溯系统建设项目信息管理办法》(2012 年 1 月)		
《农垦农产品质量追溯系统建设项目管理办法》(2012 年 10 月)		

续表 3.7

法规或重要标准名称	条目编号	具 体 内 容
《农业转基因生物安全评价管理办法》(2016年10月)	第 6 条	从事农业转基因生物研究与试验的单位,应当制定农业转基因生物试验操作规程,加强农业转基因生物试验的可追溯管理
《保健食品生产经营企业索证索票和台账管理规定》(2013年3月)	全文	第 1 条 为规范保健食品生产经营行为,保证产品质量,做到产品可追溯,根据《中华人民共和国食品安全法》及其实施条例、《国务院关于加强食品等产品安全监督管理的特别规定》《国务院关于加强食品等产品安全工作的决定》等有关法律法规,制定本规定
《GB 14881—2013 食品安全国家标准 食品生产通用卫生规范》	11.4	应合理划分记录生产批次,采用产品批号等方式进行标识,便于产品追溯
	14.1.1	应建立记录制度,对食品生产中采购、加工、贮存、检验、销售等环节详细记录。记录内容应完整、真实,确保对产品从原料采购到产品销售的所有环节都可进行有效追溯

(六)小结

(1)从可追溯法规标准领先的国家和地区经验看,国家层面需要制定以"一步向前、一步向后"为原则的"食品安全可追溯通则""食品安全可追溯指南"之类的纲领性文件来明确"可追溯"的基本要求,为食品经营者建立其追溯体系提供了法律依据和执行标准;需要区分食品链各环节责任,通过顶层设计,建立责任清晰、环环相扣的全食品链的"追溯体系"。

(2)对于食品链中单一的企业而言,如果建立了"一步向前、一步向后"的追溯体系,都能确保其向上追溯到上游供应商信息,包括产品的、原料的、包装材料的及与食品接触相关设备的相关信息,能确保其向下追溯到下游客户的相关信息,那么由这些组织构成的食品链则具备了完整的可追溯能力。

(3)鼓励食品生产经营企业按照食品链环节分类建立食品安全可追溯指南,成为行业的规范,帮助各企业采取有效的内部措施,落实和完善追溯要求,进而提升全食品链的追溯能力。

三、利益相关方责任

(一)政府监管部门

首先,政府监管部门通过立法推动食品从"农田到餐桌"的可追溯管理,并通过食品可追溯信息加强食品安全监督管理。

美国 FDA《食品安全现代化法案》的配套规章《产品追溯》规定食品企业要建立生产档案和追溯制度,《生物反恐法案》要求企业建立实施"向前一步"的产品追溯制度。美国的法律对食品生产、运输、销售过程中承担不同角色的企业,都要求做好信息记录和交换的要求,以预防食品安全事件的发生,并有助于在食源性疾病暴发时确定污染的来源。

作为最早开展食品可追溯体系的地区,欧盟不仅在食品安全方面有着系统的法律体系,在食品安全监管方面也有着实用、高效的管理系统,整个食品可追溯体系发展较为成熟。

其次,各国政府监管部门通过投入资源支持食品行业、技术机构等社会各利益相关方开展食品追溯项目。根据食品安全风险因素建立不同食品的全产业链追溯。如加拿大联邦、省和地方农业部承诺建立国家农业和食品可追溯系统(NAFTS)。在政府支持下,成立了企业和政府咨询委员会(Industry-Government Advisory Committee,IGAC),领导并推动建立国家畜禽追溯系统。

第三,政府根据监测食源性疾病的暴发,或通过开展食品安全风险预警,预防和保障食品安全,并采取行动建立高风险食品、农畜产品的追溯体系。欧盟食品和饲料快速预警系统(RASFF)为欧盟各成员国食品安全主管机构提供有效的信息交换,并采取措施确保食品安全。当某一成员国发现存在对人类健康有严重危害的警情时,应立即在该预警系统下通知委员会,委员会则立即将信息传递给各成员国。通过预警通报和信息通报,预防和控制食品安全事件的发生。为应对疯牛病问题,欧盟于1997年开始逐步建立食品安全信息可追溯制度,2000年7月《欧洲议会和理事会条例(EC) No. 1760/2000 制定牛类动物和有关牛肉和牛肉制品标签识别和登记制度并废除理事会条例(EC) No. 820/97》发布,该条例要求建立对牛类动物和牛肉、牛肉产品标记的识别和注册体系,实现了对牛类动物产品的可追溯。

第四,当发生食品安全事件或风险时,政府利用食品生产经营者所建立的产品追溯体系,获取及时、准确的相关信息,采取快速有效的行动,实现食品安全的应急管理。例如欧盟建立的 RASFF 对公众发布预警,来预防疾病的暴发。欧盟、成员国、企业之间主要职责以及风险识别后分别应开展怎样的行动?详见表3.8。

表 3.8 欧盟/成员国/企业追溯体系中扮演的角色和职责

	主要职责	风险识别后开展的行动
食品与饲料企业	● 确认并记录食品链中"一步向前、一步向后"的产品信息	● 立即从市场撤回受污染的产品,如有必要,则需从消费者手中召回产品 ● 销毁不符合食品安全要求的产品批次 ● 向政府主管机关报告风险和已采取的行动
成员国主管机关	● 监督食品、饲料产品的生产、加工、销售以确保经营者追溯系统的有效性 ● 对不符合欧盟可追踪性要求的经营者,制定并实施适当的处罚措施	● 确保生产者尽责 ● 采取适当的措施保证食品安全 ● 向食品链的上、下游追溯 ● 通知食品和饲料快速警报系统
欧盟	● 适当地建立具体的可追溯性法规 ● 欧盟委员会食品和兽医办公室开展定期检查以确保食品、饲料生产者满足包括可追溯系统实施的食品安全标准	● 欧盟委员会向食品和饲料快速警报系统成员国发布风险警报 ● 要求生产者提供确保追溯性的信息以及成员国主管机关开展相应的行动 ● 可以限制进出口

(二)食品生产经营者

国际上,食品生产经营者是食品追溯体系的建立者和执行者。在加拿大,建立了国家禽畜追溯体系的企业和政府咨询委员会(IGAC),IGAC是由 22 个企业成员参与以及 15 个联邦、省和地方政府代表共同组成。在美国,食品行业代表积极配合 FDA 和食品工艺学家学会进行食品追溯试点项目。

另外,食品生产经营企业是建立企业自身追溯系统的主体。农畜养殖、食品生产、食品经营等各环节的企业主体,应该建立企业内部的追溯系统,通过食品链的各个环节追溯信息有效衔接,实现食品从农田到餐桌的全过程追溯。在美国,法律对从事生产、加工、包装、运输、分销、接收、储存、进口食品的企业都要求做好信息记录和交换的要求,形成了美国食品追溯制度的完整链。任何一个生产环节如出了问题,都可追溯到上一个环节,切实保证了产品的可追溯性。特别是美国承担农产品包装、加工、运输、销售的企业,基本都建立了 GMP、HACCP 等管理体系并通过第三方认证,因此普遍具有较强的执行力。

食品生产经营者应建立产品追溯体系,制订、实施并记录产品追溯计划。食品生产经营者还有责任建立并保存文档记录,记录原料的来源以及最终产品的接收者,保证系统能够识别并追踪每一个批次的每一件产品。当发现食源性疾病或是食品污染问题时,食品生产经营者应利用所建立的产品追溯体系,采取快速有效的行动,例如从市场上召回问题食品,来预防疾病的暴发。食品生产经营者决定采用何种追溯方法、技术、工具,进行快速有效的追溯。

(三)行业组织

在国际上,行业组织为各国制定追溯相关法规提供专业支撑。美国食品工艺学家学会(IFT)将开展全球食品可追溯性方面的研究成果提供给 FDA,为细化《食品安全现代化法案》提供科学依据。行业组织制定的追溯相关标准和行业规范,成为了国家政策法规的有效补充,也被行业广泛采用并实施。

(四)第三方机构

第三方机构在开展食品安全管理体系认证方面发挥着指导、审核和验证的作用。欧盟的食品生产经营企业积极采用 IFS、BRC、FSSC22000 等食品安全管理体系,美国食品生产经营企业积极采用的 HACCP、SQF 等食品安全管理体系都是由第三方机构提出、推广并通过定期审核验证企业执行的有效性和符合性,在保障食品安全中发挥了积极的作用,推进了食品安全和追溯要求的有效实施。以上行业规范和标准,已被澳洲食品行业广泛采用,亦逐步为全球食品行业采用。

全球食品安全倡议(GFSI)等非营利性组织,通过对标准进行比对,推广成员单位广泛采用第三方机构或行业组织制定的食品安全管理体系标准。如成员企业广泛采用了 BRC、SQF、IFS、GLOBALG. A. P.、FSSC 22000、China HACCP 等食品安全管理体系标准。

(五)小结

《中华人民共和国食品安全法》提出了"社会共治"的理念,政府监管部门、食品生产经营者、行业协会、学术机构、消费者等食品行业的利益相关方共同参与,促进食品安全。我国的食品行业现状与国外有明显不同,呈现行业集中度低、中小型企业比例高、手工作坊多、技术水平不高等特点;但同时行业发展潜力巨大、技术水平增长很快、需求越来越多样化。因此食品供应链的复杂性决定了无论规模多大的生产型企业或零售型企业仅凭一己之力难以建立其全部产品从农田到餐桌的追溯能力,各食品生产经营者应在监管部门指导下各司其责,建立全食品链从农田到餐桌的追溯体系。

本报告认为:建立全程食品安全追溯体系各利益相关方应各司其职。有效的食品安全追溯体系的建立应由企业主导、政府指导与监督、行业组织协助与扶持。①监管部门职责:完善法律、法规;发布通用的指导性文件,必要时针对不同的产品类别制定指导性文件;实施监督检查,惩罚不合规的企业;食品安全事件发生后,负责启动预警和应急措施,必要时发布召回指令。②企业职责:选取适合的工具、方法建立覆盖企业业务范围的可追溯规章制度;清晰界定业务需追溯的上游、下游企业或组织,做到"向前一步、向后一步";按规定保留完整的追溯信息;通过第三方认证,实施有效的食品安全管理体系以提升追溯的可靠性;持续完善,通过信息化系统提升追溯的时效性和精确度。③行业组织职责:组织行业的最佳实践分享;组织制定行业追溯标准和行为规范;帮助中小

型企业理解法规要求、建立可追溯规章制度;整合行业需求,搭建共享的
信息平台。

四、各国开展的行动

(一)制定政策,推动食品追溯制度

2002 年 1 月欧盟第 178/2002 号法规即《基本食品法》发布,其第 18
条明确要求强制实行可追溯制度,凡是在欧盟国家销售的食品必须具备
可追溯性,否则不允许上市。理事会(EU) No. 1224/2009 为确保符合共
同渔业政策规定,建立共同控制体系和针对(EU) No. 1224/2009 的
(EU) No. 404/2011 委员会实施条例对渔业和水产养殖产品进行可追溯
管理与规定。

1998 年 12 月,加拿大牛标识机构宣布实施加拿大牛标识计划(The
Canadian Cattle Identification Program),以市场需求为导向,发展牛标
识和可追溯系统的国家策略,并通过《联邦动物健康法》来对牛及其身份
提供法律支持。在加拿大,牲畜识别作为动物溯源的一项主要组成部
分。2013 年,牲畜追溯系统由加拿大食品检验署执行并由动物健康规章
监管,该系统对牛、羊、野牛从出生到屠宰进行标记识别,并在之后又对
猪和山羊进行了注册和标记。2014 年 2 月 26 日,加拿大食品检验局通
过 CFIA 媒体宣布:"生猪养殖户及其他行业的保管人将必须记录和报告
猪从出生或进口到屠宰或导出的所有过程",详细规定了养殖猪和野猪
养殖是如何被识别的,并于 2014 年 7 月 1 日开始生效。该条例适用于包
括那些死在农场以及不能进入食品链的国内所有用于生产食品的养殖
猪。2015 年 7 月 1 日,该条例适用范围还将扩大至养殖野猪。

日本是对牛肉和大米全国强制实施可追溯系统的国家,对其他食
品的追溯则实行政府推动和自愿相结合的方式。日本政府在 2002 年

已通过新立法,规定肉牛业从零售点到农场过程中实施强制性的追溯系统,允许消费者可以通过包装上的编号获取其购买产品的原始生产信息。

(二)基于风险实现食品链追溯

为应对疯牛病问题,欧盟于 1997 年开始逐步建立食品安全信息追溯制度,2000 年 7 月《欧洲议会和理事会条例(EC) No. 1760/2000 制定牛类动物和有关牛肉和牛肉制品标签识别和登记制度并废除理事会条例(EC) No. 820/97》发布,该条例在对牛类动物产品的可追溯性方面,要求建立对牛类动物和牛肉、牛肉产品标记的识别和注册体系。

近年来,欧盟逐步针对风险较高环节制定相应追溯法规。《(EC) No. 1830/2003 转基因食品和转基因饲料产品的可追溯性和标签法规》对转基因产品的可追溯性和标记以及从转基因产品生产的食物和饲料的可追溯性进行了特殊规定。《欧洲议会和理事会(EC) No. 852/2004 食品卫生法》规定在饲养动物所用药物、添加剂的正确适当使用和追溯,植物保护产品和杀虫剂的正确适当使用和追溯,饲料的追溯等初级生产中相关业务对可能出现风险,应有良好卫生规范指南;欧盟议会和动物食品理事会基于《(EC) No. 178/2002 通用食品法》制定了《(EU) No. 931/2011 实施条例》用于规范动物源食品的追溯要求;豆芽及豆芽的种子的可追溯要求遵循《(EU)No. 208/2013 豆芽和用于生产豆芽的种子可追溯实施条例》。

美国《食品安全现代化法案》规定,FDA 应确定高风险食品,并对高风险食品规定记录保存的要求,来帮助企业进行追溯。但目前,FDA 尚未发布高风险食品的名单。

澳大利亚和新西兰都有针对动物的国家追溯体系,该体系在澳大利亚称为国家家畜识别系统(NLIS),在新西兰称为国家动物识别和追溯(NAIT)系统。这些追溯体系依赖无线电频率鉴别(RFID,射频识别)技术(以电子标牌的形式)和国家数据库来追溯动物从出生到屠宰或直接出口的过程,并且是强制执行的。

(三)各方共同构建食品安全追溯体系

各国政府在立法、搭建和推动实施食品追溯体系的过程中,充分协调企业、行业组织、认证认可机构等多方力量共同参与。2011 年 9 月,美国 FDA 委托非政府组织——美国食品工艺学家学会(IFT)进行追溯的研究。项目中的信息有助于帮助判定哪些数据是用于追溯市场上产品来源所最需要的。IFT 进行了 2 项食品追溯测试,一类是蔬菜水果加工厂或分销商(试点为西红柿),另外一类是加工食品的原料追溯(试点范围是包装食品内的鸡肉、花生酱和碎红辣椒粉)。

加拿大农产品营销协会(Canadian Produce Marketing Association,CPMA)和美国农产品营销协会(U. S. Produce Marketing Association,PMA)共同发起了农产品追溯倡议(Produce Traceability Initiative,PTI),建议利用 GS1 码来进行追溯。

(四)行业组织建立食品追溯指南和体系标准

通过行业追溯指南(自愿性的行业规范)来指导企业进行产品追溯。在美国,行业追溯指南主要涉及 3 个领域,即由 6 个美国肉制品协会按照 GS1 畜禽肉数据标准 2010 制定的《牛肉和禽肉追溯指南》,由美国渔业学会按照 GS1 美国实施指南 2011 制定的《海产品追溯指南》,由美国乳品协会、国际乳制品、熟食、焙烤食品协按照 GS1 美国实施指南 2013 制定的《乳制品、熟食和焙烤食品追溯指南》。另外,美国农产品营销协会与加拿大农产品营销协会共同发起了农产品追溯行动倡议(PTI)。这个行动倡议采用了全球水果蔬菜追溯实施指南和 GS1 所建立的工具,在新鲜水果和蔬菜行业供应链来进行产品追溯。

澳大利亚零售商对食品安全要求(包括追溯要求)比《澳大利亚和新

西兰食品标准法典》更为具体。在澳大利亚和新西兰,零售商是要求上游食品安全合规的中坚力量,尤其对于自有品牌的食品。GFSI 认可的食品安全管理体系被一些食品企业采用。同时,行业组织(比如 Freshcare 和 AFGC)为广泛的食品企业提供了追溯规范的实施准则和信息,包括小型和中型食品企业。

(五)提高食品链全程追溯能力

各个国家和地区都在不断努力,以提高食品链全程追溯能力。一些国家针对部分食品建立了全程的追溯系统,强化了这类食品的追溯能力,比如澳大利亚的 NLIS 系统、欧盟的牛肉追溯系统、日本的牛肉和大米追溯系统等。其他的食品则是基于“一步向前、一步向后”原则建立了食品生产经营企业的追溯体系,从而形成整个食品链的追溯能力;基于追溯技术应用及食品链追溯体系设计的不同,呈现出不同的特点。

在澳大利亚和新西兰食品零售商通常的做法是在销售点扫描 EAN/UPC 或 GS1 DataBar 产品的条形码。通常这些条形码不包含批次信息,至今销售点批次追溯对于零售商而言还是无法实现的。如果发生召回事件,消费者可借助于公共通告中明确的批次码或日期信息以辨别他们购买的商品。

如图 3.5 所示,加拿大食品追溯体系的原理是食品供应链的各环节实现有效衔接。各环节做到“一步向前、一步向后”的追溯(one up/one down system),做到自身的环节完整记录实现追溯。

(六)小结

本报告认为监管部门从以下几个方面可以提升食品生产经营企业的追溯能力:①通过培训辅导和行业间的交流,让企业都明确“一步向前、一步向后”是食品追溯的基本要求,是底线的要求,企业的追溯制度和追溯体系必须满足该要求。②督促和引导企业建立和运行食品安全

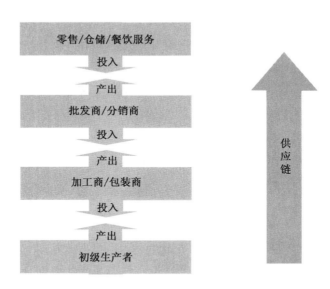

图 3.5　加拿大食品追溯原理图

管理体系,以提升企业食品追溯的能力。③通过食品生产经营许可重点审查企业的追溯制度及落实情况。④鼓励食品生产经营企业运用信息化手段和新科技不断提高追溯的时效性和准确性。⑤各级行政主管部门鼓励食品生产经营企业通过第三方认证以保证其追溯制度的有效性。

第四部分 食品安全追溯系统（平台）的建立与案例分析

　　欧盟、美加、澳新、日本、中国，没有从法律上规定食品追溯体系一定是电子化的信息系统，基于纸质记录的追溯体系也是符合要求的。《中华人民共和国食品安全法》、国办发〔2015〕95 号《国务院办公厅关于加快推进重要产品追溯体系建设的意见》（以下简称《意见》）均要求发挥企业主导作用，要求食品生产经营企业落实追溯体系建设的主体责任。国办发〔2015〕95 号《意见》提出了"加快应用现代信息技术建设重要产品追溯体系"的要求。《意见》要求："统一标准，互联互通；多方参与，合力推进。强化企业的主体责任，发挥政府督促引导作用。"近年来，多个省、直辖市陆续开展食品及食用农产品可追溯信息平台建设规划，多地食品监管部门开展多产品品类追溯信息化平台建设，要求所有食品企业上传每批次产品信息或让企业信息系统接入监管部门的信息平台。由于这些追溯信息化平台之间没有"统一标准"因此做不到"互联互通"，在实际的运行过程中增加了食品生产经营企业不小的负担，这些做法与《意见》的"强化企业主体责任，发挥政府督促引导作用"的精神不一致。全食品链的追溯信息平台可行性、必要性如何？如果可行、必要，又该如何建设？

《全球食品追溯法规和要求的比较研究》（Charlebois 等，2014）认为"目前用于食品追溯的国家级数据库大多用于牲畜登记、鉴定和移动"。从强制性追溯信息平台建设现状来看，本报告认为国际上欧盟的牛肉追溯系统、澳大利亚的家畜追溯系统（NLIS）、新西兰的动物识别和追溯系统（NAIT）、日本的牛肉和大米的追溯系统是全国强制实施的。美国、加拿大的牛肉及牛肉制品的追溯系统相对于欧盟发展较晚，首先是为了控制疯牛病和口蹄疫的肆虐流行，发布相关牛肉及牛肉制品追溯的法规，对牛肉及牛肉制品追溯提出了具体要求。通过政府补贴、贷款支持，同时也是为满足法规要求，牛肉及牛肉制品企业逐步建立了追溯信息系统，并建立了该行业的追溯标准。美国和加拿大的牛肉及牛肉制品追溯信息系统现在依然由行业和企业主导，而不是政府强制要求；虽然不是监管部门强制的，由于已经形成行业标准，因此越来越多的企业采用了这套标准，以满足市场竞争和经营的需要。

建立多品类食品链追溯信息平台理论上"可行"，不乏软件供应商提供一整套的解决方案。实际上在实施一个追溯软件时，是按照食品链定义甚至是按照产品定义逐条、逐个实施，因为每条食品链的环节不同、原辅材料的输入不同、输出的产品信息也不同。如果要将多个产品放在一个平台当中，而且可能涉及不同国家之间的流动，这样的信息平台目前还没有看到，横跨欧盟的牛肉及牛肉制品信息系统不是一个多品类的平台，是专注在牛肉和牛肉制品的平台；也不是一个涵盖所有质量安全信息的平台，它的功能仅满足欧盟相关追溯法规和行业标准的要求。美国农业部的 AER-830 报告认为"完美的追溯是不可能的（complete traceability is impossible）"，AER-830 报告例举了牛肉的例子"牛肉追溯系统能追踪动物的出生、血统、疫苗接种记录、位置、到达店铺的日期等信息，其他的信息追溯不到，如在谷仓里的害虫控制（潜在的食品安全问题）、使用转基因饲料、或动物福利、放牧时间和游戏时间"。在牛肉加工过程中涉及成百上千个输入及工艺过程，让每个输入和工艺过程都保持其精度是不可能的。同样的，多组分的食品由于原辅料来源的多样性、复杂性，以及原辅料在收购/销售环节存储容器的变化也使得批次变得混乱而无法追踪。因此，完美的追溯是不可能的。

美国《食品安全现代化法案》（简称FSMA，2011年发布）对美国乃至全球食品安全的监管意义深远。与追溯相关的条款是第204节"加强食品跟踪和追溯以及记录保存"，第204节主要是三个方面要求，一是要求启动一个"试点项目"以评估现有追溯能力以及未来改进建议，二是监管部门内部如何设立产品追溯系统，三是针对高风险食品的额外要求。"试点项目"要求评估：①采用和使用各种产品追溯技术（包括试行方案使用的追溯技术）的成本和收益；②对于包括小企业在内的食品行业不同领域，这些技术的适用性；③这些技术能否达到本小节的要求。第204节规定"试点项目"应在FSMA发布后的18个月内完成。FDA 2011年9月委托美国食品工艺学家学会（IFT）完成该项目。IFT于2012年8月完成《沿食品供应链系统提高产品追溯能力的试点项目》报告（以下简称《试点项目报告》），《试点项目报告》的第9条建议提到了FDA运用信息平台的观点："FDA应当采用一个技术平台，以准许代理机构有效地收集和分析来自监管方特殊要求而做出响应的数据。这个技术平台也应该被监管同行利用。"同时指出：一方面，"州和地方监管机构应参与制定和实施这一制度，并在法律允许的范围内可以同等访问任何'技术合作平台'"。另一方面，"IFT并不提倡建立一个共同的'云'为基础的知识库作为一个连续收集站来收集所有从供应链捕捉到的CTE（Critical Tracing Event）和KDE（Key Data Element）数据。这里设想的信息系统将由FDA管理和托管，只收集与过去或当前突发事件调查有关的CTE和KDE数据"。也就是说不建议建立一个大而全的数据库把所有数据都抓进来，只在有需要的时候访问"技术合作平台"抓取相关数据，以应对突发事件的调查。显然，这里的"技术平台""技术合作平台"不是指一套完整的追溯信息平台,也与我国各地监管部门已建成的信息平台不同。

现代信息技术的应用,追溯信息系统的功能越来越完善,之前无法达到的广度、深度、精度现在有可能达到,还大大提高追溯和召回的效率和准确性,降低召回的成本,这是追溯信息系统(平台)带来的好处。但是,建立功能完备的追溯信息系统(平台),尤其是大而全的全食品链追溯信息平台不仅存在技术上的难度,还需要巨大的时间成本和金钱投入,无论是食品生产经营企业还是政府部门均需要权衡建立和运行全食品链追溯信息平台的成本和效益,否则,即使在各方压力下建立起来的追溯信息平台在设计上做不到"统一标准、互联互通",也可能因为运行成本的高昂而无法运行,这样的追溯信息平台是不可持续的。因此,花费可接受的成本建立的符合行业发展现状和企业业务需求的可追溯信息平台是可行的、也是必要的。

以下列举了澳大利亚畜产品可追溯系统(National Livestock Information System ,NLIS)、日本鸡蛋可追溯系统以及我国的猪肉追溯码项目 3 个追溯系统的案例,希望借助这 3 个案例来了解追溯信息平台建立的路径和成功要素。

一、澳大利亚畜产品可追溯系统(NLIS)

澳大利亚的家畜追溯系统源于 20 世纪 60 年代新南威尔士州根治牛布氏杆菌病的项目,该项目引进了一种在尾部缠绕标牌的方法。1999 年,NLIS 被全国采纳以追溯出口至欧洲的牛群,维多利亚州起了主导作用。2003 年,初级产业部委员会达成协议,实施牛追溯要求和绩效的公共标准,最终在澳大利亚各州得到了一致认同。2006 年又通过可视化阅读标牌和书面记录实现了绵羊和山羊的追溯。随后,NLIS 继续发展,将追溯系统扩展到了猪,羊驼和美洲驼。NLIS 可以追溯动物的一生,是基于如下 3 个关键方面。

（1）动物标识牌（可视的或电子的耳牌，称为追踪设备）。

（2）通过属地识别码（PIC）定位地理位置。

（3）网络数据库存储和关联迁移数据和相关信息。

供应链环节中动物的购售和迁移必须通过 NLIS 认可的标识或设备进行追溯。每一次动物迁移到一个新的地点，新的 PIC 地点就会在 NLIS 的中央数据库里由持有 NLIS 账户的人员记录下来。NLIS 账户的注册和操作是免费的。

通过这些信息，NLIS 能够提供动物的整个生命周期内的居所信息，了解其可能接触过的其他家畜。为了符合国家可追溯性和绩效标准，必须采用 NLIS 以便对动物进行追溯。

每一头动物的状态都有电子记录（如果它们都被添加了电子标识）或者在 NLIS 上可以记录动物和属地的相关信息。如下所示。

（1）设备状态：以显示设备损坏、丢失、被偷盗，或者挂此设备的动物被注射疫苗以预防某种疾病。

（2）属地状态：PIC 可以有属地状态以显示属地是 LPA（Livestock Production Assurance，LPA）认可的或欧洲认可的，或是某属地曾暴露于化学残留物或已被污染。

任何设备或属地的状态如果表明某动物存在生物安全或健康风险，都会报告给生产加工商，以保证该动物在屠宰前接受检测。这种做法不仅维持了澳大利亚红肉和家畜产品的安全、质量和统一标准，也降低了潜在的家畜疾病的传染或化学残留事故的发生。

NLIS 为澳大利亚牛肉市场创造了价值数亿万美元的机会。由于 NLIS 系统的易操作性和可信赖度，使得澳大利亚成为众多国家的首选供应商，这是其创造价值的一个范例。

NLIS 得到了大型生产商、饲养场、代理商、寄养场和加工机构的广泛支持，并且各州/领地的法规条例成为此追溯系统的坚强基石，支持系统运转。过去，NLIS 数据库的管理和运转由澳大利亚肉类和家畜协会

(MLA)进行监督。2014年,该项工作交接给了另外一家机构——澳大利亚动物卫生协会。这个管理的改变体现了国家的一个重要愿景,希望借以促成疾病暴发的应急响应机制。

澳大利亚NLIS一度被认为是世界上对家畜追溯系统发展影响较为深远的系统之一。我们认为NLIS是典型的由企业和行业发起、建立并逐步过渡到政府强制实施的追溯信息平台案例。NLIS初期不是为了食品安全追溯而建,目的是保护动物健康、保护畜产品行业的可持续发展,从而也保障了食品安全追溯。

二、日本鸡蛋可追溯系统

日本人有吃生鲜鸡蛋的饮食习惯,为保障生鲜鸡蛋的质量和新鲜度要求促进了鸡蛋分级包装中心的创立和发展,日本的鸡蛋追溯系统在鸡蛋分级包装中心的销售平台上建立。1976年日本开始设立鸡蛋分级包装中心(Grading and Packing center,GP center),对鸡蛋进行清洗、检查、分级、包装、标明产地以及生产日期等。随着全国各地鸡蛋分级包装中心的建立,所有蛋鸡生产企业以及蛋鸡养殖农户都首先将鸡蛋送至鸡蛋分级包装中心,经过以上处理后进入市场。因此,鸡蛋分级包装中心成为连接市场的鸡蛋供给基地。

据日本蛋业协会的调查,鸡蛋经过处理后大部分经由全国农业协同组合联合会(大约占30%)和全国鸡蛋销售农业协同组合联合会(大约占40%)进入市场,少部分直接进入市场销售(图4.1)。在分级包装过程中,鸡蛋被分为符合规格的鸡蛋(如ML、L规格等)和规格外鸡蛋(如3L、LL、S、SS规格等)。符合规格的鸡蛋由超市、生鲜食品店等向消费者出售,规格外鸡蛋则由鸡蛋分级包装中心或鸡蛋加工企业加工成蛋液、冰蛋以及蛋粉等产品。鸡蛋加工品的用途多种多样,除可以制作蛋糕、蛋黄酱、火腿肠等肉制品和水产加工品等食品外,全蛋和蛋黄还可用于制造皮革增光剂等工业品,蛋白还可以用于制造洗发水等医药化妆品。

为提高鸡蛋的安全性,2004 年日本实行了鸡蛋可追溯制度,在销售平台基础上建立鸡蛋追溯系统,参见图 4.1。在市场上销售的鸡蛋,只要扫描鸡蛋包装上条形码,即可了解鸡蛋生产日期、鸡蛋保质期、生产公司以及农场名称、鸡蛋分级包装中心名称、鸡蛋从农场运出时间、鸡蛋销售公司名称、运送鸡蛋的物流中心名称等详细信息。鸡蛋可追溯制度提高了消费者对鸡蛋的信赖度,强化了蛋鸡生产者风险管理意识,明确了生产和流通各环节的责任,鸡蛋生产管理和品质管理水平不断提高。

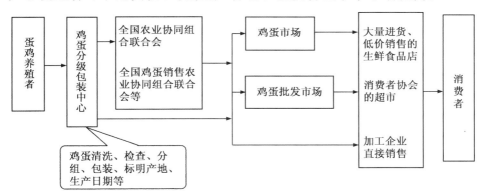

来源:日本农林水产省生产局富产部报告

图 4.1 日本鸡蛋的销售平台

三、中国的猪肉追溯体系

因瘦肉精等食品安全事故频发,我国农业部 2008 年开始在上海试点做猪肉流通追溯码。随着超市追溯码业务转到商务部,商务部于 2011 年3 月 9 日印发了关于《肉类流通追溯体系基本要求》《蔬菜流通追溯体系基本要求》等技术规范的通知,决定选择大连、上海、南京、无锡、杭州、宁波、青岛、重庆、昆明、成都 10 个城市作为第一批肉菜追溯体系试点城市。

截止到 2017 年底,该项目试点城市分 5 批扩大到 80 个城市。

商务部发布了追溯码编码规则,但农业部和商务部都没有给出具体的追溯体系方案,因此,各地政府选择了不同的软件商和电子秤厂商合作建立肉菜追溯体系实施追溯制度。下面以上海某超市的追溯体系为例介绍。

所有的猪肉供应商必须取得一张追溯码流转跟踪 IC 卡,在生猪养殖基地出栏时,刷卡产生养殖基地信息;将生猪送到屠宰地时,刷卡产生屠宰地信息;屠宰后的白条猪肉送到超市,在超市收货区刷流转 IC 卡,导出卡内的养殖基地、屠宰地、零售终端信息,一份数据下发到电子秤用于在标签上打印 20 位的追溯码,一份数据传到上海商情网用于顾客根据商品标签上的追溯码查询。

同一批次的所有猪肉追溯码相同,操作员可以在秤量时根据猪肉批次的不同选择不同批次的追溯码打印。

四、案例启示

(1)案例一的 NLIS 是全球家畜追溯系统的典范。首先由行业发起建立,系统的优越性能及价值创造能力获得大型生产商、饲养场、代理商、寄养场和加工机构的广泛支持,得以逐步完善并最终作为监管机构实施政府监管畜产品的有力工具。

(2)案例二日本鸡蛋分级包装中心建立的鸡蛋销售渠道创建了一个全新的销售模式,也是一套完整的追溯系统。该系统不是日本政府强制推行的,但由于该系统不仅确保鸡蛋的安全性,还大大提升了鸡蛋的附加值,从而获得全行业的认可。

(3)案例三是中国的猪肉追溯体系试点案例。从技术的角度看,其系统逻辑是可行的,但由养猪场到零售,猪肉追溯数据是否准确,这个课题是否有效并持续运行,并能达到真正的追溯目标,还需要一个全面、系统的核实验证;全国的养猪场、养猪户、屠宰场、批发和零售业在现阶段是否已达到应用猪肉追溯体系技术的条件,还需要进行全面考察和评估。

(4)成熟的全食品链追溯信息系统(平台)(如澳大利亚的 NLIS 系统和日本的鸡蛋销售平台)的特征有:①清晰界定某一类产品类别而不是全品类;②从源头开始覆盖全食品链;③全国统一而不是分区域、分部委建立,以避免标准不一、互不兼容;④操作便捷;⑤应当以保障食品安全、应对食品安全问题或风险为目的,明确关键的追溯内容信息;⑥信息不涉及企业敏感的质量指标数据。

本报告认为:①无论是政府还是企业,建立食品安全追溯信息系统(平台)需权衡成本和效益。②无论国家、行业还是地区层面,建立覆盖多品类产品、互联互通的食品安全追溯信息系统(平台)看似完美但不可行,目前国际上还没有成功的先例;覆盖多品类产品、不能实现互联互通的食品安全追溯信息系统(平台)可行但不必要。③参照国际成功经验,基于已经发生风险的或是已预见到可能发生的食品安全问题,针对部分高风险重点类的食品类别,制定追溯标准、并逐步建立互联互通的信息系统(平台),以强化该类产品的食品安全追溯能力,这是必要的、可行的。④建立互联互通的追溯信息系统(平台)途径:食品生产经营企业主导、行业组织协作扶持、监管部门监督。

第五部分　结论和建议

　　由于各个国家地区经济和科学水平、食品行业发展现状、法规体系和市场环境等方面的差异,呈现出食品安全监管模式,以及食品安全追溯的法规、标准和应用有所不同,国与国之间的差异是客观存在的。由于食品国际贸易额日益增加的趋势使得食品安全的监管不再是单一国家和地区可以做到的,在很多食品生产经营企业看来,食品安全领域是非竞争领域,企业间应加强合作和交流,同样,国与国之间也应抱以开放心态展开交流与合作。我国食品安全追溯领域起步较晚,食品行业呈现中小型企业多、管理水平参差不齐的特点,如何借鉴国外先进做法、如何规划以快速地提升我国的食品安全追溯管理的水平,建立既经济又有效的全食品链食品安全追溯体系?

结论

　　(1)食品安全追溯体系是质量和食品安全管理体系的一部分,建立食品安全追溯体系是法规的要求,其目的是顺向可追踪、逆向可溯源,必要时可以将产品追回和/或召回。建立全食品链的食品安全追溯能力非常重要,但不是要求每一家企业均需建立"全程的追溯体系"。食品生产经营者都是食品链里的一环,应排除众多目的的困扰,围绕食品安全追溯的根本目的,本着"一步向前、一步向后"的原则设计和完善其追溯体系,由此建立起来的全程食品安全追溯体系是可持续的,这是落实《食品安全法》"全程追溯"要求的可行方案。

(2)建立全食品链的食品安全追溯体系并不是要求全部实现信息化,更不是把所有产品放在一个追溯信息平台中进行监管,基于纸质记录建立的食品安全追溯体系同样是可接受的。食品安全追溯体系的基本要求是"一步向前、一步向后"。如果能够促使全食品链中各个环节的每个参与者都对其生产经营的食品的流向做好记录,做到"向前一步去向可追、往后一步来源可溯",则整个食品链的追溯能力就可以建立起来。如果尝试将所有的食品生产经营者都纳入一个统一的追溯平台,预先上传记录所有的食品生产和流动信息,期望形成一个无缝的追溯体系,一则没有必要,二则也不会成功。因为食品安全追溯本质上是一套应对工具,用于在发生食品安全或质量事件时查找源头和从市场中移除可能被影响的食品。我国食品市场复杂庞大,相关信息量更是非常巨大,不仅记录保存的成本超出想象,而且需要在输入环节投入大量的人力物力,几乎无法做到持续有效运行。对于一些高风险的重点食品和重点环节,如家畜家禽的养殖、屠宰、分割、销售,则可以考虑建立相对集中、统一的追溯信息平台,作为对全食品链追溯能力的强化和补充。

建议

(1)政府监管部门。一是建议监管部门出台指导性文件,明确"一步向前、一步向后"追溯体系的具体要求,以指导不同规模和不同技术水平的食品生产经营者,采取与其相适应的措施,对其生产经营的原料来源和食品流向切实做好记录。二是建议监管部门借鉴各国的成功做法,健全法规和标准,明确各政府管理部门职责、食品安全追溯其他各利益相关方的职责。三是建议各级管理部门由自己主导建设追溯信息平台,转变为指导和激励企业建设追溯信息平台;研究已建成追溯信息平台如何转变为应急状态下的信息搜集平台。四是基于已经发生的或是已预见到可能发生的食品安全问题,基于科学的结论针对部分高风险食品,建立追溯信息平台。五是建议监管部门对企业做好培训,明确"一步向前、一步向后"的要求,使其具备建立追溯的能力;对一线执法人员做好培训,使其具备指导辖区企业的能力。

(2)食品生产经营者。一是建议食品生产经营者应当诚信自律,主动合规。无论是原始的纸质记录还是电子信息系统,首先达到"一步向前、一步向后"追溯的要求。二是建议规模以上食品生产经营者影响并指导自己的直接供应商和直接客户建立"一步向前、一步向后"追溯体系。三是应急情况下,应积极响应监管部门要求,及时真实、完整提供追溯所需信息。

(3)食品行业组织。一是建议各食品行业组织督促成员企业诚信自律,主动合规;指导中小型企业建立食品安全追溯体系。二是建议行业组织定期组织成员企业间的交流,分享最佳实践案例,促进行业整体追溯能力的提升。三是建议行业组织研究和推广新技术的应用,通过创新促进行业追溯能力的提升。四是建议行业组织必要时整合行业需求,搭建行业的共享追溯信息平台。五是建议行业组织开展宣传,促进消费者认知度,提高追溯系统的使用效率,获得消费者信任。

附录:报告摘要

近几年来,随着对食品安全问题的关注,溯源性、可追溯性、追溯能力等概念被高频率地提及,成为各类会议热门话题。溯源性、可追溯性、追溯能力等概念不是新概念,其定义大体一致。结合我国的实际情况,应该如何定义"食品安全追溯"目的和范围?监管部门、企业及行业应该履行哪些职责以保障食品安全追溯的有效性、时效性、经济性?

随着新《中华人民共和国食品安全法》2015 年 10 月 1 日的正式实施,全国各地的食药监部门陆续针对"追溯"展开监督执法。近几年来,国务院法制办、发改委、农业部、商务部、食药总局、质检总局、粮食局等部委及地方政府陆续发布与"追溯"相关的法规、规章;与追溯相关的国家标准、行业标准、地方标准近几年陆续发布了 40 个。企业合规经营是基本的要求,绝大多数的企业都在努力做到合规,当面临名目繁多的部门规章和各类的标准,面临各地、各层级执法部门执法尺度不一的情况,企业如何建立其追溯体系才能满足各方合规的要求?企业如何面对各地、各级监管部门搭建的不同的追溯平台的监管要求?从顶层设计的角度看,如何从全食品链角度切实地明确各环节的责任和追溯的内容,让每个环节的食品生产经营者觉得符合实际、可操作、成本可控?那些曾经宣称实现了从农田到餐桌的全程追溯系统现在运行得如何？怎样能确保可持续运行？

基于以上想法，全球食品安全倡议（简称 GFSI）中国工作组进行了内部研讨，大家认为"食品安全追溯"在中国还是一个比较新的课题，而且不同利益相关方对食品安全追溯的理解不同。比如说，政府监管部门希望建立全程的食品安全追溯系统；食品制造企业认为只要负责自己分内的事就好，供应商、分销商应该负责他们应该负责的事情；零售商认为预包装食品的追溯应由制造商负责，零售商仅负责其现场加工制作食品的追溯；部分追溯系统服务商积极推销其从农田到餐桌的炫酷追溯系统，并认为唯有从农田到餐桌的系统才满足消费者需求、满足政府要求等。这样一些不同的观点孰是孰非？从我国食品工业构成和管理现状看，一刀切地要求企业建立从农田到餐桌的食品追溯体系显然不现实，基于我国食品工业现状的解决方案是什么？GFSI 中国工作组认为有必要研究国内、国外"食品安全追溯"的发展历程和现状，对以上问题进行分析、思考，并尝试寻求答案。GFSI 中国工作组 2016 年 7 月成立了项目团队，对欧盟、美加、澳新、日本以及中国的食品安全追溯法规和强制标准进行了收集、分析、整理，形成了 5 份报告。本报告在这 5 份报告的基础上进行合并、归纳、编制而成，是一份综合的报告，于 2017 年 9 月完稿。

本报告分前言、发展历程与追溯的目的、名词和术语解释、监管现状分析、追溯系统建立与案例分析、结论和建议六个部分，尝试从各个国家和地区建立食品安全追溯体系的目的、追溯体系的监管要求和模式（结构）与中国的情况进行比较；通过案例分析介绍各个国家和地区已建立的有效的追溯体系；同时，通过澳洲畜产品追溯平台建设及日本鸡蛋追溯平台建设的案例，分析了建立全食品链追溯信息平台的路径与成功要素。

为了不造成概念的混淆，先说明几组概念：①由于对 traceability 一词的翻译不同，有的翻译为"追溯性"，有的翻译为"可追溯性"，文中"追溯性"与"可追溯性"相同、"追溯体系"与"可追溯体系"相同。②"追溯制度""追溯体系"与"追溯系统"有差异，通俗地说将法规中追溯的要求形成文件的信息即为建立了"追溯制度"；将"追溯制度"形成文件的信息、及形成文件的信息要求的所有数据和作业集合就成了"追溯体系"，这些数据和作业的记录可以是纸质的、电子的、也可以是标准样品；运用现代信息手段将"追溯体系"所需的文件信息信息化之后，称为"追溯系统"。③"追溯信息系统"与"追溯信息平台"，我们认为两个概念相同，没有特别严格地区分。一般而言，企业内部运行的是"追溯信息系统"，监管部门或行业协会建立的供行业运用的称为"追溯信息平台"；我们也注意到有的大型跨国公司的"追溯信息系统"具备了"追溯信息平台"的功能。④"食品追溯"与"食品安全追溯"，在本报告中概念相同。国内外法规、标准中对"追溯""食品追溯"有明确的定义，我们注意到 2015 年我国发布的《中华人民共和国食品安全法》(以下简称《食品安全法》)第 42 条提出了"食品安全全程追溯""食品安全追溯体系"的概念，没有给出具体的定义。

一、本报告三点发现

(一)食品追溯的目的

通过查询欧盟、美国、加拿大、澳大利亚、新西兰、日本以及我国相关的法规条文里"purpose""objective""目的""目标"这些直接描述追溯目的的词，我们根据追溯相关法规标准的发布背景、相关的研究文献，从国际标准化组织、国际食品法典委员会的食品追溯定义入手，来研究食品追溯的目的。

食品追溯的概念。国际标准化组织(ISO)在 ISO 9001—87《质量体系——设计/开发、生产、安装和服务的质量保证模式》的4.8条款提出了

"追溯"的概念。"4.8标识与追溯"提出："必要时,供方应建立并保持形成文件的程序,在接收和生产、交付及安装的各阶段以适当的方式标识产品。在规定有可追溯性要求的场合,供方应建立并保持形成文件的程序,对每个或每批产品都应有唯一性标识,这种标识应加以记录(见4.16质量控制记录)。"ISO 9001—87要求通过建立适当的文件程序、标识、记录以确保质量活动的追溯。随着质量管理体系的逐步演变和完善,追溯的要求也越来越完善,进而形成追溯制度、追溯体系。由此可见,追溯体系不应独立存在于质量管理体系之外,而是质量管理体系的一部分。

国际食品法典委员会(CAC)2006年发布了《CAC/GL 60—2006食品检验和认证系统中可追溯性/产品追溯的原则》,CAC/GL 60—2006"追溯(traceability)"的定义是指"追踪食物在生产、加工和配送的特定阶段流动的能力"。2007年ISO发布了《ISO 22005:2007饲料和食品链的可追溯性 体系设计与实施的通用原则和基本要求》,2009年我国发布了ISO 22005:2007的等同转换标准GB/T 22005—2009。GB/T 22005—2009"可追溯性(traceability)"的定义是指"追踪饲料或食品在整个生产、加工和分销的特定阶段流动的能力。"这两个定义明确指出食品追溯是食品(食物)在"特定阶段"的流动能力,因此在设计追溯体系时需要明确界定追溯的范围。通俗地理解,食品追溯解决的是食品在食品链中的"定位"问题,将食品的流动轨迹记录下来以便需要时进行"定位",以查找问题食品的来源以及问题食品的去向。

食品追溯的目的。食品追溯目的是什么?在大多数国家的与追溯相关的法规条文或标准里可以看到类似这样的描述:为了保护消费者免受食品危害和食品欺骗的危害,以促进食品安全。2017年3月38日国家食药总局发布了《关于食品生产经营企业建立食品安全追溯体系的若干规定》(以下简称《若干规定》),《若干规定》第2条"工作目标"可以理解为"食品追溯的目的":"食品生产经营企业通过建立食品安全追溯体系,客观、有效、真实地记录和保存食品质量安全信息,实现食品质量安全顺向可追踪、逆向可溯源、风险可管控，发生质量安全问题时产品可召回、原因可查清、责任可追究，切实落实质量安全主体责任，保障食品质量安全。"爱尔兰食品安全局 2013 年发布的《指导文件第 10 号：产品召回与追溯（第 3 版）》指出了食品追溯体系的两大目的："一是通过定义一批食品及其生产中使用的原料批次的唯一性，以便跟踪食品的物理流向直至经由食品链流向直接顾客，并可追踪原材料的物理流向直至原材料的直接供应商；二是根据主管当局的要求，在短时间内提供和保持准确的可追溯记录，以便进行例行检查或调查。"日本 2007 年发布的《食品可追溯指南（第 2 版）》4.1 条款这样表述追溯体系目的："追溯体系是为食品安全事故和不合格产品而制定的系统。该系统还允许当标签等携带信息的可靠性受到威胁时验证正确性。这不是一项确保食品安全的直接措施，而是有助于获得消费者和相关的食品生产经营者的信任。"

本报告认为食品追溯可以满足三个方面的需要：一是出于保障食品安全的需要，一旦出现食品安全问题食品可以实现追回和/或召回；二是强化供应链管理的需要，防止来路不明的食品和食品原料走向消费者餐桌；三是产品宣传或产品增值的需要，满足产品细分的要求，以获得高价值产品的销量，如有机、绿色食品的追溯系统宣传。以上三个方面对维护食品生产经营企业的声誉、品牌的保护、获得消费者的忠诚度均有正面的作用。

综合上述分析，食品追溯的作用不应被夸大，其根本目的是顺向可追踪、逆向可溯源，发生食品安全问题时可以将问题食品追回和/或召回。食品追溯并不能直接改善食品安全，只有当食品追溯体系与食品安全管理体系相关联时才能提高食品的安全性，因为追溯体系的好坏区别在于追溯的时效性与准确性，当出现食品安全问题时，追溯体系再好，追回的还是食品安全问题食品，不可能追回一个好食品。有效的食品追溯体系可以通过科技手段快速准确查找食品安全问题食品的来源以及去向，将食品安全问题食品追回和/或召回，从而减少损失和降低危害，最大限度保障消费者的安全。

如何建立有效的食品追溯体系？

首先,各国法律明确规定食品生产经营企业是食品追溯体系建设的主体,食品生产经营企业应建立基于"一步向前、一步向后"的追溯体系。食品生产经营企业追溯体系的建立早于法规的发布,追溯体系的推动力首先来自企业自身发展的需求,而不是政府的监管,因为追溯体系在满足监管要求的同时可以带来很多的好处(前文详细描述过)。欧盟委员会的 EC No.178/2002 食品基本法 2007 年修订稿、爱尔兰食品安全局的《指导文件第 10 号:产品召回与追溯(第 3 版)》《加拿大食品追溯数据标准 2.0》、日本农林水产省的《食品可追溯指南(第 2 版)》等法规标准明确了食品生产经营企业可追溯系统应做到"一步向前、一步向后"的基本要求。"一步向前"是指追踪食品直接购买者的能力,"一步向后"是指溯源食品及其原辅料直接供应商的能力。这个要求是强制性的、必须做到的。"一步向前、一步向后"的追溯要求非常清晰,不容易造成歧义。《食品安全法》要求的"建立食品安全全程追溯制度"不是要求所有企业建立覆盖全食品链的追溯体系,而应是从整个食品链看是否具备全程追溯的能力。处于食品链上的每一个企业首先清晰界定自己前一步的顾客、后一步的供应商,然后按照规范建立追溯制度、进行记录并保持记录即符合相关法规要求建立了食品安全全程追溯能力。

其次,食品生产经营企业建立质量管理体系、食品安全管理体系,有助于提升其食品追溯体系的有效性。ISO9000 系列标准自发布起就对记录和追溯提出了要求,随着 ISO9000 系列标准的改版,可追溯的要求也获得了完善。国内外优秀的食品生产经营企业在建立和运行 ISO9001体系的同时逐步建立了符合其业务实际的追溯体系,这也印证了追溯体系伴随质量管理体系、食品安全管理体系而运行。ISO 于 2007 年发布了《ISO22005:2007 饲料和食品链的可追溯性 体系设计与实施的通用原则和基本要求》,提供了食品安全管理体系及可追溯体系等解决方案,这些理念和做法逐渐为各国和地区政府所接受,食品安全追溯体系逐步成为政府食品安全监管的抓手。

第三,食品生产企业应着眼于建立"一步向前、一步向后"的追溯体系,一般企业不应过分强调全食品链的全面的追溯体系。在我国,食品生产经营企业对食品追溯体系的范围存在困惑,例如:快餐店的鸡肉该追溯到哪一级的供应商、还是应追溯到养殖场、鸡饲料? 制造商原料很多,是追溯到供应商还是供应商的供应商? 一些食品生产经营者主动或被动着手建立全食品链的追溯体系,这样的举措对于提升产品质量、提高产品的竞争力、增加生产经营的透明度、获取更多消费者的信任,无疑是有一定裨益的。但是,食品安全追溯体系还应着眼于"一步向前、一步向后",立足于 HACCP 或类似食品安全管理体系的建立和实施。否则,过分强调搭建全食品链追溯体系的重要性,可能会本末倒置。"一步向前、一步向后"的要求适用于所有类型的食品生产经营企业,更符合国情。实际上,对于众多的中国中小型食品生产经营企业来说,建立"一步向前、一步向后"食品安全追溯体系给企业管理者提出了更高的要求,使得企业从单纯地"使用合格的原料"提升到全面管理原料供应商的水平,也促进了流通环节管理水平的提升。这一变化有利于防止来源不明的食品或食品原料走向消费者的餐桌,有利于提升流通环节追溯能力,从而对从根本上提高我国食品安全整体水平具有深远的意义。对于少数超大型食品生产经营企业,因其业务涉及从农田(饲料)到餐桌(零售)的全过程,按照"一步向前、一步向后"的原则需要建立全产业链追溯体系。

本报告认为:①食品追溯体系是质量和食品安全管理体系的一部分,建立食品追溯体系是法规的要求,其目的是实现食品顺向可追踪、逆向可溯源,必要时可以将食品安全问题食品追回和/或召回。②"一步向前、一步向后"的要求适用于所有类型的食品生产经营企业,只要是满足"一步向前、一步向后"的要求,无论是基于纸质的还是电子化的追溯体系均是可接受的,由此就能建立全程食品安全追溯的能力。③追溯体系本身不能直接提升食品的安全性,只有在与有效的食品安全管理体系相关联之后才能发挥作用。④食品生产经营企业出于保护企业的声誉和品牌、赢得消费者忠诚度的需要,具备建立食品追溯体系的动力,应由企业主导建立食品安全追溯体系,这与《食品安全法》的要求一致。详见报告正文的第一部分第 6 条"食品追溯的目的"。

(二)政府监管部门、食品生产经营者、行业组织职责

对于追溯体系建设,欧盟、美加、澳新、日本采取了不同的监管模式,体现了不同的顶层设计方案,这些监管模式和方案不是独立的,是与其法律体系、自律体系、管理水平相适应的。详见报告的第三部分的第一条"追溯监管模式"。

通过查询欧盟、美加、澳新、日本、我国相关法规条文与职责(responsibility)相关的表述,结合文献研究和实例研究,本报告对政府监管部门、食品生产经营者、行业组织的职责进行了分析。

政府监管部门职责。首先,各国通过立法推动食品从"农场到餐桌"的追溯管理,并通过食品追溯信息加强食品安全监督管理,并发布相关指南或指导性文件。其次,各国政府监管部门通过投入资源支持食品行业、技术机构等社会各利益相关方开展食品追溯项目。第三,政府根据监测食源性疾病的暴发,或通过开展食品安全风险预警,预防和保障食品安全,并采取行动建立高风险食品、农畜产品的追溯体系。第四,当发生食品安全事件或风险时,政府调取食品生产经营者所建立的追溯体系的数据,获取及时、准确的相关信息,采取快速有效的行动,实现食品安全的应急管理。

食品生产经营者职责。国际上,食品生产经营者是食品安全追溯体系的建立者和执行者,是建立自身企业追溯系统的主体。农畜养殖、农作物种植、食品生产、食品经营等各环节的企业主体,应该建立企业内部的追溯系统,通过食品链各个环节追溯信息的有效衔接,实现食品从农

田到餐桌的全过程追溯。食品生产经营者还通过建立质量与食品安全管理体系，实施第三方认证提升可追溯体系的有效性。食品生产经营者根据自身规模和技术水平，选择采取纸质的或是电子化的形成文件信息的方式，建立各自的食品追溯体系，但需要满足相关法规和标准的要求。为了提高追溯的时效性和精确度，应运用现代信息技术不断完善追溯系统，提高食品安全追溯体系的信息化水平。

行业组织职责。行业组织是企业与政府主管部门之间沟通的桥梁。在国际上，行业组织为各国制定追溯相关法规提供专业支撑。美国食品工艺学家学会（the Institute of Food Technologists，IFT）将美国食品可追溯性方面的研究成果提供给 FDA，为细化《食品安全现代化法案》提供科学依据。行业组织制定的追溯相关标准和行业规范，成为了国家政策法规的有效补充，也被行业广泛采用并实施。

我国《食品安全法》提出了"社会共治"的理念，政府监管部门、食品生产经营者、行业协会、学术机构、消费者协会乃至公民个人等食品行业的利益相关方共同参与，促进食品安全。我国的食品行业现状与国外有明显不同，呈现行业集中度低、中小型企业比例高、手工作坊多、技术水平参差不齐等特点；但同时行业发展潜力巨大、技术水平增长很快、需求越来越多样化。因此食品供应链的复杂性决定了无论规模多大的生产型企业或零售型企业仅凭一己之力难以建立其全部产品从农田到餐桌的追溯能力。各食品生产经营者遵循"一步向前、一步向后"的原则界定追溯体系的范围，在监管部门指导下各司其职，建立全食品链从农田到餐桌的追溯体系是可期待的。

本报告认为：建立全程的食品安全追溯体系各利益相关方应各司其职。有效的食品安全追溯体系的建立应由企业主导、政府指导与监督、行业组织协助与扶持。①监管部门职责：完善法律、法规；发布通用的指导性文件，必要时针对不同的产品类别制定文件；实施监督检查，惩罚不合规的企业；食品安全事件发生后，负责启动预警和应急措施，必要时发出召回指令。②企业职责：选取适合的工具、方法建立覆盖企业业务范围的可追溯规章制度；不论企业规模大小、技术水平高低，应清晰界定业务需追溯的上游、下游企业或组织，做到"一步向前、一步向后"；按规定保留完整的追溯信息，不管是纸质的还是电子化的信息记录和保留均应符合法规标准的要求；通过第三方认证，实施有效的食品安全管理体系以提升追溯的可靠性；持续完善，通过信息化技术手段提升追溯的时效性和精确度。③行业组织职责：督促企业自律，组织行业的最佳实践分享；帮助中小企业理解法规要求、建立可追溯规章制度；组织制定行业追溯标准和行为规范。详见第三部分的第三条"利益相关方责任"。

（三）建立全食品链追溯信息平台的可行性、必要性

我国及欧盟、美加、澳新、日本，均没有从法律上规定食品追溯体系一定是电子化的信息系统，基于纸质记录的追溯体系也应是符合法律要求的（特殊产品除外）。《中华人民共和国食品安全法》、国办发〔2015〕95号《国务院办公厅关于加快推进重要产品追溯体系建设的意见》（以下简称《意见》）均要求发挥企业主导作用，要求食品生产经营企业落实追溯体系建设的主体责任。国办发〔2015〕95号《意见》提出了"加快应用现代信息技术建设重要产品追溯体系"的要求。《意见》要求："统一标准，互联互通；多方参与，合力推进。强化企业的主体责任，发挥政府督促引导作用。"近年来，多个省、直辖市陆续开展食品及食用农产品可追溯信息平台建设和规划，多地食品监管部门开展多产品品类的追溯信息化平台建设，要求所有食品企业上传每批次产品信息或让企业信息系统接入监管部门的信息平台。由于这些追溯信息化平台之间没有"统一标准"因此做不到"互联互通"，在实际的运行过程中增加了食品生产经营企业不小的负担，这些做法与《意见》的"强化企业主体责任，发挥政府督促引导作用"的精神不一致。全食品链的追溯信息平台可行性、必要性如何？如果可行、必要，又该如何建设？

《全球食品追溯法规和要求的比较研究》(Charlebois 等,2014)认为"目前用于食品追溯的国家级数据库大多用于牲畜登记、鉴定和移动"。我们发现从强制性追溯信息平台建设现状来看,欧盟的牛肉追溯系统、澳大利亚的家畜追溯系统(NLIS)、新西兰的动物识别和追溯系统(NAIT)、日本的牛肉和大米的追溯系统是全国强制实施的。在欧盟,首先是为了控制疯牛病和口蹄疫的肆虐流行,发布相关牛肉及牛肉制品追溯的法规,对牛肉及牛肉制品追溯提出了具体要求。牛肉及牛肉制品企业通过政府补贴、贷款支持,同时也是为满足法规要求,逐步建立了追溯信息系统,并建立了该行业的追溯标准。美国、加拿大的牛肉及牛肉制品的追溯系统相对于欧盟发展较晚,美国和加拿大的牛肉及牛肉制品追溯信息系统现在依然由行业和企业主导,而不是政府强制要求的;虽然不是监管部门强制的,因为已经形成行业标准,因此越来越多的企业采用了这套标准,以满足市场竞争和经营的需要。

澳大利亚的畜产品追溯系统(National Livestock Information System,NLIS)起源于 20 世纪 60 年代的南威尔士洲根治牛布氏杆菌病的项目,1999 年被全国采用,2003 年各州达成一致变为强制追溯平台。随着 NLIS 的发展,扩展到了绵羊和山羊、猪、羊驼和美洲鸵。我们认为 NLIS 是典型的由企业和行业发起建立逐步过渡到是政府主导的强制性信息平台案例,NLIS 初期不是为了食品安全追溯而建,目的是保护动物健康、保护畜产品行业的可持续发展,从而也保障了食品安全追溯。

建立多品类食品链追溯信息平台理论上似乎"可行",不乏软件供应商提供一整套的解决方案。实际上在实施一个追溯软件时,是按照食品链定义甚至是按照产品定义逐条、逐个实施,因为每条食品链的环节不同、原辅材料的输入不同、输出的产品信息也不同。如果要将多条食品链、多个产品放在一个平台当中,大多数情况下这些食品和食品原料可能涉及不同国家之间的流动,这样的信息平台目前还没有看到,没有成功的案例。横跨欧盟的牛肉及牛肉制品信息系统不是一个多品类的平台,是专注在牛肉和牛肉制品的平台,也不是一个涵盖所有质量安全信息的平台,它的功能仅满足欧盟相关追溯法规和行业标准的要求。美国农业部 2004 年发布的《美国供应链的可追溯性:经济理论与行业研究(Traceability in the U. S. food supply:Economic theory and industry studies,简称 AER-830 报告)》认为"完美的追溯是不可能的(complete traceability is impossible)",AER-830 报告例举了牛肉的例子,"牛肉追溯系统能追踪动物的出生、血统、疫苗接种记录、位置、到达店铺的日期等信息,其他的信息追溯不到,如在谷仓里的害虫控制(潜在的食品安全问题)、使用转基因饲料、或动物福利、放牧时间和游戏时间。在牛肉加工过程中涉及成百上千个输入及工艺过程,让每个输入和工艺过程都保持其精度是不可能的。"同样,多组分的食品由于原辅料来源的多样性、复杂性,以及原辅料在收购/销售环节存储容器的变化也使得批次变得混乱而无法追踪。因此,完美的追溯是不可能的。

美国 FDA 2011 年 9 月委托美国食品工艺学家学会(IFT),针对美国食品供应链系统研究如何提高产品的追溯性,2012 年 8 月完成《沿食品供应链系统提高产品追溯能力的试点项目最终报告》,简称《试点项目报告》。IFT 的《试点项目报告》建议 FDA 运用"技术平台"收集和分析数据并在监管部门内部共享,但不建议建一个共有"云"来存储数据,只在有需要的时候在法律允许范围内可以同等访问任何"技术合作平台",抓取数据,以应对突发事件。显然,这里的"技术平台""技术合作平台"不是指一套完整的追溯信息平台,也与我国各地监管部门已建成的信息平台不同。

现代信息技术的应用,令追溯信息系统的功能越来越完善,之前无法达到的广度、深度、精度现在有可能达到,还大大提高追溯和召回的效率和准确性,降低召回的成本,这是追溯信息系统(平台)带来的好处。但是,建立功能完备的追溯信息系统(平台)、尤其是大而全的全食品链追溯信息平台不仅存在技术上和管理上的难度,还需要巨大的时间成本和金钱投入，无论是食品生产经营企业还是政府部门均需要权衡建立和运行追溯信息平台的成本和效益。否则，在各方压力下建立起来的追溯信息平台不仅在设计上做不到"统一标准、互联互通"，也可能因为运行成本的高昂、管理的复杂而无法运行，这样的追溯信息平台是不可持续的。因此，花费可接受的成本建立的符合行业发展现状和企业业务需求的可追溯信息平台是可行的也是必要的。

本报告认为：①建立食品安全追溯信息系统（平台）需要权衡成本和效益。②无论国家、行业还是地区层面建立覆盖多品类产品、互联互通的食品安全追溯信息系统（平台）似乎完美但不可行，目前国际上还没有这样的先例；覆盖多品类产品、不能实现互联互通的食品安全追溯信息系统（平台）可行但不必要。③参照国际成功经验，基于已经发生的或是已预见到可能发生的食品安全问题，针对部分高风险重点类的食品类别，制定追溯标准、并逐步建立互联互通的信息系统（平台），以强化该类产品的食品安全追溯能力，这是必要的、可行的。详见第四部分"食品安全追溯系统平台建立与案例分析"的"案例启示"。

二、结论和建议

由于各个国家地区经济和科学水平、食品行业发展现状、法规体系和市场环境等方面的差异，呈现出食品安全监管模式，以及食品安全追溯的法规、标准和应用有所不同，国与国之间的差异是客观存在的。由于食品国际贸易额日益增加的趋势使得食品安全的监管不再是单一国家和地区可以做到的，在很多食品生产经营企业看来，食品安全领域是非竞争领域，企业间应加强合作和交流，同样，国与国之间也应抱以开放心态展开交流与合作。我国食品安全追溯领域起步较晚，食品行业呈现中小型企业多、管理水平参差不齐的特点，如何借鉴国外先进做法、如何规划以快速地提升我国的食品安全追溯管理的水平，建立既经济又有效的全食品链食品安全追溯体系?

结论

(1)食品安全追溯体系是质量和食品安全管理体系的一部分,建立食品安全追溯体系是法规的要求,其目的是顺向可追踪、逆向可溯源,必要时可以将产品追回和/或召回。建立全食品链的食品安全追溯能力非常重要,但不是要求每一家企业均需建立"全程的追溯体系"。食品生产经营者都是食品链里的一环,应排除众多目的的困扰,围绕食品安全追溯的根本目的,本着"一步向前、一步向后"的原则设计和完善其追溯体系,由此建立起来的全程食品安全追溯体系是可持续的,这是落实《食品安全法》"全程追溯"要求的可行方案。

(2)建立全食品链的食品安全追溯体系并不是要求全部实现信息化,更不是把所有产品放在一个追溯信息平台中进行监管,基于纸质记录建立的食品安全追溯体系同样是可接受的。食品安全追溯体系的基本要求是"一步向前、一步向后"。如果能够促使全食品链中各个环节的每个参与者都对其生产经营的食品的流向做好记录,做到"向前一步去向可追、往后一步来源可溯",则整个食品链的追溯能力就可以建立起来。如果尝试将所有的食品生产经营者都纳入一个统一的追溯平台,预先上传记录所有的食品生产和流动信息,期望形成一个无缝的追溯体系,一则没有必要,二则也不会成功。因为食品安全追溯本质上是一套应对工具,用于在发生食品安全或质量事件时查找源头和从市场中移除可能被影响的食品。我国食品市场复杂庞大,相关信息量更是非常巨大,不仅记录保存的成本超出想象,而且需要在输入环节投入大量的人力物力,几乎无法做到持续有效运行。对于一些高风险的重点食品和重点环节,例如家畜家禽的养殖、屠宰、分割、销售,则可以考虑建立相对集中、统一的追溯信息平台,作为对全食品链追溯能力的强化和补充。

建议

(1)政府监管部门。一是建议监管部门出台指导性文件,明确"一步向前、一步向后"追溯体系的具体要求,以指导不同规模和不同技术水平的食品生产经营者,采取与其相适应的措施,对其生产经营的原料来源和食品流向切实做好记录。二是建议监管部门借鉴各国的成功做法,健全法规和标准,明确各政府管理部门职责、食品安全追溯其他各利益相关方的职责。三是建议各级管理部门由自己主导建设追溯信息平台,转变为指导和激励企业建设追溯信息平台;研究已建成追溯信息平台如何转变为应急状态下的信息搜集平台。四是基于已经发生的或是已预见到可能发生的食品安全问题,基于科学的结论针对部分高风险食品,建立追溯信息平台。五是建议监管部门对企业做好培训,明确"一步向前、一步向后"的要求,使其具备建立追溯的能力;对一线执法人员做好培训,使其具备指导辖区企业的能力。

(2)食品生产经营者。一是建议食品生产经营者应当诚信自律,主动合规。无论是原始的纸质记录还是电子信息系统,首先达到"一步向前、一步向后"追溯的要求。二是建议规模以上食品生产经营者影响并指导自己的直接供应商和直接客户建立"一步向前、一步向后"追溯体系。三是应急情况下,应积极响应监管部门要求,及时真实、完整提供追溯所需信息,承担社会责任。

(3)食品行业组织。一是各食品行业组织推动和协助成员企业诚信自律,主动合规;指导中小型企业建立食品安全追溯体系。二是建议行业组织定期组织成员企业间的交流,分享最佳实践案例,促进行业整体追溯能力的提升。三是建议行业组织研究和推广新技术的应用,通过创新促进行业追溯能力的提升。四是建议行业组织必要时整合行业需求,搭建行业的共享追溯信息平台。五是建议行业组织开展宣传,促进消费者认知度,提高追溯系统的使用效率,获得消费者信任。

　　我们期望能尽可能多地与食品安全追溯的利益相关方分享该报告，寄希望经过充分沟通和交流，各利益相关方各司其职，建立互信和共识，在食品安全追溯领域落实《食品安全法》的"社会共治"理念。由于我们能力和水平的局限，文中难免有错误和不当的之处，还望您能批评指正。您的批评、意见和建议都将是我们在"食品安全追溯"领域不断探索的动力。我们的联系方式是:gfsichina@163.com。

参 考 文 献

1.中华人民共和国食品安全法(中华人民共和国主席令[2015]第二十一号).北京:2015.

2.中华人民共和国国务院.食品安全法实施条例(征求意见稿).北京:2016.

3.关于食品生产经营企业建立食品安全追溯体系的若干意见.北京:2017.

4.食品召回管理办法.北京:2015.

5. GB 14881—2013 食品安全国家标准 食品生产通用卫生规范.北京:2013.

6.保健食品生产经营企业索证索票和台账管理规定.北京:2013.

7.农业转基因生物安全评价管理办法.北京:2016.

8.农垦农产品质量追溯标识管理办法.北京:2009.

9.国际标准化组织. ISO9001:1994 质量管理体系 基础和术语. 1994.

10. Patrick Wall,陈君石,实施有效食品追溯的挑战(Challenges Introducing Effective Traceability).北京:2016.

11.王竹天.国内外食品安全法规标准对比分析.北京:中国质检出版社,2013.

12.全国人大常委会法制工作委员会行政法室.《中华人民共和国食品安全法》释义及实用指南.北京:中国民主法制出版社,2015.

13.张梅. 欧盟、美国和日本农产品物流追溯体系分析与比较. 世界农业,2014(4):136-141.

14. 徐玲玲,朱仕青,赵京. 国外实施食品可追溯体系的经验与对我国的启示.食品工业科技,2015,36(12):26-28.

15. 袁园,吴金玉. 实探美国食品及农产品可追溯体系. 世界农业,2015(9):185-187.

16. 商务部、财政部、国家税务总局.关于开展农产品连锁经营试点的通知 & 食用农产品范围注释.北京:2005.

17. 联邦食品、药物和化妆品法 Federal Food Drug Cosmetic Act. 美国:国会,1938.

18. 食品安全行动计划 President's Food Safety Initiative(FSI). 美国:白宫,1997.

19. 美国生物反恐法案 The Bioterrorism Act. 美国:国会,2002.

20. 建立与保持记录的规定（生物反恐法案的补充）Establishment and Maintenance of Records. 美国:FDA,2004.

21. 食品安全现代化法 Food Safety Modernization Act(FSMA). 美国:FDA,2011.

22. FDA 召回法规 Recall & FDCA section 423.美国:FDA,2011.

23. FDA 试点项目 Pilot Projects,FDA Pilot Projects for Improving Product Tracing Along the Food Supply System 美国:FDA,2011.

24. USDA 动物疾病追溯 Animal Disease Traceability. 美国:USDA,2013.

25. USDA 动物及动物产品进口信息 Animal and Animal Product Import Information. 美国:USDA,2016.

26. 美国海产品追溯项目 U. S. Seafood Traceability Program. 美国:渔业局,2016.

27. 美国海产品追溯项目提案 Proposed Rule for First Phase of a U. S. Seafood Traceability Program.美国:渔业局,2016.

28. 加拿大农产品法令 Canada Agricultural Products Act. 加拿大：司法部,1985.

29. 加拿大消费者包装和标签法案 Consumer Packaging and Labelling Act. 加拿大：司法部,1985.

30. 加拿大农业与食品追溯系统 Canadian Traceability National Agriculture and Food Traceability System. 加拿大：联邦政府,2006.

31. 加拿大国家家禽与禽追溯项目 The Canadian National Livestock and Poultry Traceability Program. 加拿大：农业与食品学会,2009.

32. 加拿大食品安全法案 Safe Food for Canadians Act. 加拿大：联邦政府,2012.

33. 加拿大动物健康条例 Health of Animals Regulations. 加拿大：联邦政府,2103.

34. ISO 22005:2007 饲料和食品链的可追溯性体系设计与实施的通用原则和基本要求. 国际标准化组织. 2007.

35. Charlebois S, Sterling B, Haratifar S,et al. (2014). Comparison of global food traceability regulations and requirements. Comprehensive Reviews in Food Science and Food Safety. 2014,1104-1123.

36. Regulation(EC) No. 1760/2000 establishing a system for the identification and registration of bovine animals and regarding the labelling of beef and beef products and repealing Council Regulation (EC) No. 820/97.

37. Regulation(EC) No. 178/2002 of the European Parliament and of the Council of 28 January 2002 laying down the general principles and requirements of food law, establishing the European Food Safety Authority and laying down procedures in matters of food safety.

38. Guidance on the Implementation of Articles 11, 12, 16, 17, 18, 19 and 20 of Regulation(EC) No. 178/2002 on General Food Law——

Conclusions of the standing committee on the food chain and animal health.

39. Regulation(EC) No. 1830/2003 concerning the traceability and labelling of genetically modified organisms and the traceability of food and feed products produced from genetically modified organisms and amending Directive 2001/18/EC.

40. Regulation(EU) No. 931/2011 of 19 September 2011 on the traceability requirements set by Regulation (EC) No. 178/2002 of the European Parliament and of the Council for food of animal origin.

41. Commission Implementing Regulation(EU) No. 404/2011 of 8 April 2011 laying down detailed rules for the implementation of Council Regulation (EC) No. 1224/2009 establishing a community control system for ensuring compliance with the rules of the Common Fisheries Policy.

42. Commission Implementing Regulation (EU) No. 208/2013 of 11 March 2013 on traceability requirements for sprouts and seeds intended for the production of sprouts.

43. Guidance Note No. 10 Product Recall and Traceability—Food Safety Authority of Ireland.

44. BRC Global standard for food safety(Issue 7).

45. Standard for auditing quality and food safety of food products. Version 6, April 2014.

46. Regulation(EC) No. 1935/2004 of the European Parliament and of the Council of 27 October 2004 on materials and articles intended too mein to contact with food and repealing Directives 80/590/EEC and 89/109/EEC.

47. Regulations Commission Implementing Regulation (EU) No.

404/2011 of 8 April 2011 laying down detailed rules for the implementation of Council Regulation (EC)No. 1224/2009 establishing a community control system for ensuring compliance with the rules of the Common Fisheries Policy.

48. Food safety standards information/Food traceability— information for food businesses (http：// www. foodstandards. gov. au/ industry/safetystandards/traceability/pages/default. aspx).

49. Food Standards—Australia New Zealand (http：//www. foodstandards. gov. au/Pages/default. aspx).

50. MPI works with importers to prevent unwanted pests and diseases entering the country. MPI is also working on reducing trade barriers. Learn about importing commodities to New Zealand. (https：// www. mpi. govt. nz/importing/).

51. Overview-Everyone working in the food industry has a responsibility to make sure that the food we buy is safe and suitable to eat. The Food Act 2014 takes a new approach to managing food safety. Find out more about the act and what it means for you. (https：// www. mpi. govt. nz/food-safety/food-act-2014/overview/).

52. Food Safety Law Reform Bill (https：// www. parliament. nz/en/ pb/bills-and-laws/bills-proposed-laws/document/00DBHOH_BILL69227_1/ food-safety-law-reform-bill).

53. How Does New Zealand's New Food Safety Law Reform Bill compare to FSMA? (http：// www. achesongroup. com/single-post/ 2016/08/25/How-Does-New-Zealands-New-Food-Safety-Law-Reform-Bill-Compare-to-FSMA).

54. New Zealand's Parliament Advances Food Safety Reform Bill (http：// www. dolphnsix. com/news/813179/zealand-parliament-advances-

food-safety-reform).

55. Learning from Australia's Traceability and Meat Standards Program（http：// www. ontariobeef. com/uploads/userfiles/files/australias-traceability-system-case-study-august-2014. pdf）.

56. Red Meat Integrity System（ http：// www. mla. com. au/meat-safety-and-traceability/red-meat-integrity-system/about-the-national-livestock-identification-system/）.

57. Codex CAC/GL 60—2006,Principles for Traceability / Product tracing as a tool within a food inspection and certification system,2006.

58. Golan E，Krissoff B. Traceability in the U.S. food supply：Economic theory and industry studies. USDA/Economic Research Service，2004.

致　谢

　　本课题历时一年半完成，是每一位 GFSI 中国工作组法规事务组的成员智慧和辛劳的成果。本课题没有经费支持、没有报酬，每一位成员自愿编组，在完成本职工作之余，利用业余时间进行法规、标准、文献的收集、整理和部分的翻译工作，付出了大量的心血。在综合报告编写阶段，我们成立了统稿组，面对大量的信息和不同的观点，我们反复研讨、修改，大家都贡献出了丰富的专业经验、敏锐的行业洞察力和判定能力，直至最后成稿，体现了团队突出的协作精神，这个团队成员如下：黄伟（中粮）、李宇（玛氏）、陈红（沃尔玛）、高岩（嘉吉）、刘小力（玛氏）、刘鲁林（蒙牛达能）、海栗素（永旺）。

　　陈君石院士对本课题非常关心，不仅亲自指导课题组开题，还为课题组提供了参考资料，为报告的终稿进行了审定，在此特别感谢！此书的出版得到了沃尔玛食品安全协作中心的大力支持，在此表示感谢！对本项目做出贡献的每一位工作组成员以及他们所服务的会员企业致谢（每位成员所在企业的最后更新时间是 2017 年 6 月 30 日）！最后感谢以徐扬颖女士领衔的 GFSI 中国区团队对本项目一贯的支持，对报告模板做了最后的完善，谢谢徐扬颖、王颖、张中勃。

　　食品安全追溯项目按国家区域分为 5 个小组，各组成员如下。

　　● 中国组

　　　　组长：黄伟（中粮）

　　　　成员：翟润（中粮）、杨君茹（中粮）、赵宏超（中粮），崔芳（方圆）、李彤阳（梅特勒托利多）、王震华（通标）、国荣（通标）

- 美加组

  组长：刘小力（玛氏）

  成员：林芳、王博（北京华联），高岩（嘉吉），张峻炎，李扬（可口可乐），刘沛然（玛氏），王霜（百事），冯旺（星巴克），朱丽萍，曹阳（百胜）

- 欧盟组

  组长：刘鲁林（蒙牛达能）

  成员：王霜（百事），吴新敏（中国物品编码中心），范佳（君乐宝），陈竹方（凯爱瑞），伍霄（天祥），张鹤（蒙牛），张燕（家乐福），王琼芳（嘉吉）

- 澳新组

  组长：陈红（沃尔玛）

  成员：崔芳（方圆）

- 日本组

  组长：海栗素（永旺）

  成员：篠原雅义（永旺），闵成军，赵玉忠（新希望六和），赵丽云（好丽友）

以及感谢 GFSI 中国法规事务工作组全体成员的大力支持！

主席 & 副主席

黄　伟　中粮集团中粮酒业有限公司 质量与安全管理部总经理

李　宇　玛氏食品亚太区科学与法规事务总监

成员

海栗素　永旺（中国）品质管理部主任

林　芳　北京华联集团营运部副总监

王　博　北京华联集团食品安全部

高　岩　嘉吉北亚区法规事务总监

张　燕　家乐福中国北京南区食品安全经理

张峻炎　可口可乐大中国区科学与法规事务经理

李　扬　可口可乐大中国区科学与法规部

翟　润　中粮集团食品安全部

张　永　中国质量认证中心产品七部

崔　芳　方圆认证研究院副院长

吴新敏　中国物品编码中心应用推广部食品安全追溯主管

陈秀芸　好时中国法规事务总监

伍　霄　天祥集团项目经理兼主任审核员

郑智超　蓝威斯顿食品安全与质量高级经理

刘小力　玛氏食品（中国）科学法规事务高级经理

刘沛然　玛氏食品（中国）科学与法规事务部

张　鹤　蒙牛乳业技术法规中心法规经理

刘鲁林　蒙牛达能合资公司法规事务经理

李彤阳　梅特勒托利多中国公共事务总监

周劲松　亿滋国际科学法规事务总监

叶海燕　雀巢中国法规与科学事务高级经理

闵成军　新希望六和政策与法规事务总监

赵玉忠　新希望六和食品市场监管事务总经理

王　霜　百事亚洲研发中心大中华区科学与法规事务总监

王震华　通标食品审核 Team 北区经理

郑力翔　星巴克中国科学法规事务部亚中欧非区区域总监

范　佳　君乐宝乳业质量管理中心质量风险专员

陈　红　沃尔玛中国合规部高级总监

朱丽萍　百胜中国法规与科学事务资深经理

感谢 GFSI 中国工作组理事会、首席顾问、荣誉专家团及指导委员会的大力支持！

理事会联席主席

万早田　中粮集团副总裁

康德（Claude Sarrailh）　麦德龙中国总裁

理事会副主席单位

北京华联集团

嘉吉中国

达能中国

新希望六和

华润万家

首席顾问

车文毅

荣誉专家团

陈君石　陈春花　顾绍平　顾振华　奕傅睿

指导委员会

杨志刚（联席主席）　蒙牛乳业副总裁

陈　红（联席主席）　沃尔玛中国法规合规高级总监

陈志刚　中粮集团安全部总监

陈　超　麦德龙中国质量总经理

庄　梵　百胜中国品质管理部资深总监

黄　伟　中粮酒业质量与安全管理部总经理

刘龙海　新希望六和首席食品安全官

马国维（HerveMartin）　家乐福中国食品安全总监

孙　伟　亚马逊中国副总裁及合规总监

陶　骏　欧尚中国质量总监

王惠铭　光明乳业质量总监

王　昉　麦当劳中国食品安全副总裁
徐　杰　达能中国食品安全总监
严志农　沃尔玛食品安全协作中心执行主任
杨　琦　星巴克中国食品安全 & 质量高级总监
姚　晖　百事亚洲研发中心质量保证总监
郑芸岭　嘉吉中国亚太区质量总监